教育部职业教育与成人教育司推荐教材
建筑业操作人员职业技能培训用书

砌筑工初级技能

韩洪彬　苏　军　主编
王志坚　孙大群　主审

高等教育出版社

内容简介

本书依据砌筑工国家职业标准和行业职业技能标准对初级工的要求编写，遵循以实用为准、够用为度的原则，突出操作技能训练和行业安全生产、职业道德基本知识教育。

全书共11章，主要内容包括安全知识和职业道德，砌筑工基本知识，砖墙砌筑，砖石基础砌筑，砌块墙砌筑，毛石墙砌筑，地面砖铺砌和乱石路面铺筑，屋面瓦的施工，炉灶、火墙和火炕的砌筑，窨井、化粪池、下水管道的施工，砌筑工程的季节施工等。

本书可以作为建筑业农村劳动力转移培训教材，也可作为建筑企业初级工岗位培训教材和职业学校技能实训教材。

图书在版编目（CIP）数据

砌筑工初级技能/韩洪彬，苏军主编. —北京：高等教育出版社，2005.12（2014.12 重印）

ISBN 978-7-04-017440-3

Ⅰ. 砌… Ⅱ. ①韩…②苏… Ⅲ. ①砌筑-技术培训-教材 ②砖石工-技术培训-教材 Ⅳ. TU754.1

中国版本图书馆 CIP 数据核字（2005）第 144563 号

出版发行	高等教育出版社	咨询电话	400-810-0598
社　　址	北京市西城区德外大街4号	网　　址	http://www.hep.edu.cn
邮政编码	100120		http://www.hep.com.cn
印　　刷	北京中科印刷有限公司	网上订购	http://www.landraco.com
开　　本	880×1230　1/32		http://www.landraco.com.cn
印　　张	8		
字　　数	220 000	版　　次	2005年12月第1版
插　　页	1	印　　次	2014年12月第8次印刷
购书热线	010-58581118	定　　价	11.50元

物 料 号　17440-00

出版说明

农村劳动力向非农产业和城镇转移，是我国经济和社会发展的必然要求，是社会进步的重要标志，是建设现代农业、解决“三农”问题的重要途径。为此，我社根据国务院办公厅批转的《2003—2010 年全国农民工培训规划》和教育部《2004—2007 年职业教育教材开发编写计划》中对开发农民工培训教材的要求，于 2004 年启动了农村劳动力转移培训教材出版工作。我们通过发放调查表和实地考察等方式，做了大量的调研工作，并组织有关专家召开了多次研讨会，组织编写了包括引导性培训教材（1 种）和建筑（13 种）、家政（1 种 6 分册）、饭店餐饮（7 种）、服装（1 种）等行业（岗位）的初级职业技能培训教材共 23 种。

本套培训教材通过了教育部中等职业教育教材审定委员会所聘请专家的审定，是教育部职业教育与成人教育司推荐的教学用书。以后我们还将视培训需要陆续增加培训教材的种类。

目前出版的教材有：

(1) 引导性培训教材（1 种）：《进城务工百事通》。

(2) 初级职业技能培训教材：

建筑类（13 种）：《砌筑工初级技能》、《抹灰工初级技能》、《混凝土工初级技能》、《钢筋工初级技能》、《木工初级技能》、《油漆工初级技能》、《架子工初级技能》、《防水工初级技能》、《测量放线工初级技能》、《桩工初级技能》、《管道工初级技能》、《建筑电工初级技能》、《焊工初级技能》。

家政类（1 种，6 分册）：《家政服务》，包括《城市生活》、《婴幼儿与老人护理》、《卫生与保健》、《家用电器使用》、《待人接物》、《家庭烹饪》6 个分册。

饭店餐饮类（7 种）：《饭店客房服务》、《饭店前厅服务》、《饭店餐饮服务》、《茶艺服务》、《冷菜、冷拼技艺实训精解》、《面点技艺实训精解》、《食品雕刻技艺实训精解》。

服装类（1 种）：《服装平车工基本技能》。

根据农业部、劳动和社会保障部、教育部、科技部、建设部和财政部

2003年9月9日颁布的《2003—2010年全国农民工培训规划》中“教材的编写和选用坚持统一规范、实际适用和先进创新的原则”的要求，本系列教材的特点是：

1. **内容实用**。通过对进城务工的建筑工、家政服务员、餐饮服务员等的访谈，以及对相关岗位初级技能要求的分析，结合劳动和社会保障部颁布的相关岗位初级岗位职业标准，教材内容只讲“是什么”和“怎么做”，切合短期培训的要求。

2. **形式新颖**。打破了普通教材的编写惯例，如引导性教材《进城务工百事通》，采用一问一答的形式，简洁明了地指出进城务工的注意事项，并在每一部分后配有“读后思考”，帮助教师检验教学效果和学员掌握要点。

3. **浅显易懂**。教学对象以初小文化程度为起点，教材配有大量图片，文字表述以学员能看懂、喜欢看为原则，例如《家政服务》就基本是以图画形式来表达内容的。

4. **作者队伍强大**。通过在全国范围内的遴选，组建了一支由“三农”问题专家、行业资深专家、具有丰富培训经验和实践经验的“双师型”教师组成的强有力的编写队伍。如《进城务工百事通》主编温铁军是我国著名的“三农”问题专家，中国人民大学农村与农业发展学院院长。大专家写小册子，体现了社会各方对劳动力转移培训的支持和关爱。

5. **制作规范**。本系列教材在编辑、制作过程中高标准要求，制作精良。

本系列培训教材的出版工作得到了北京、四川、河北、山东、贵州、重庆等省、市的大力支持，有关省、市的教育行政部门和教研部门提出了许多宝贵建议，并推荐了大量优秀作者，在此深表感谢！

欢迎各地在使用本系列教材过程中提出意见和建议，我们将认真听取，并及时调整、修订。

高等教育出版社

2005年3月

我们的网址：http://sv.hep.com.cn，E-mail：xueyao@hep.com.cn

前　　言

本书依据砌筑工国家职业标准和行业职业技能标准对初级工的要求编写,是建筑业农村劳动力转移培训教材和相关企业岗位培训教材。

目前乃至今后很长一段时期,房屋建筑的结构形成主体仍然是砖混结构,而砖、砌块砌筑工程又是其中最主要的工程,因此建筑市场中砌筑工需求量非常大,部分进城的农民工进入该行业。为了确保建筑的安全质量,需对这部分农民工进行较系统的培训,而目前的砌筑工教材理论偏深,对他们来说学起来较难,因此编写了该书。

全书以最新的国家职业标准和行业职业技能标准为依据,结合现行国家、建筑行业新规范、新标准,针对农民工的实际情况,以实用为准、够用为度的原则组织内容,除基本操作技能外,还包括安全生产常识、法律、法规及职业道德等内容。在形式上,将每章的相关知识和技能提纲要领在每章前面列出,章后附有操作性很强的练一练,使培训、学习者都有目的性。

本书由重庆工商学校韩洪彬(第五、八、十一章)、苏军(第一章)主编,重庆工商学校罗尚玉(第二、四章)、四川省绵竹职业中专学校黄元富(第三、六、七章)、原重庆江津市质检站蒋中元(第九、十章)等参加了编写工作。第二、四、五、八、十章的部分插图由重庆工商学校韩贞瑜完成。

教育部聘请天津市建筑工程学校王志坚高级讲师和孙大群高级讲师审阅了本书,他们对书稿提出了许多宝贵意见。本书在编写过程中,得到高等教育出版社的领导、编辑及重庆工商学校领导和有关同志的大力支持和帮助。在此一并表示感谢。

由于编者水平有限,书中的缺点、错误和不足之处在所难免,衷心希望使用本书的教师、读者批评指导。

编者

2005 年 7 月

目　录

第一章　安全知识和职业道德 …… 1

第一节　劳动保护与安全生产 …… 1

第二节　施工现场环境卫生 …… 11

第三节　职业道德 …… 14

第四节　法律法规 …… 17

想一想 …… 26

第二章　砌筑工基本知识 …… 27

第一节　建筑识图 …… 27

第二节　建筑构造 …… 32

第三节　力学与结构 …… 34

第四节　常用砌筑工具、设备 …… 38

想一想 …… 44

第三章　砖墙砌筑 …… 45

第一节　砌筑脚手架及其安全使用 …… 45

第二节　砖墙的组砌形式和砌筑方法 …… 51

第三节　砖墙的砌筑工艺和操作要求 …… 66

第四节　砖墙的质量标准和安全操作要求 …… 86

想一想 …… 92

练一练 …… 92

第四章　砖石基础砌筑 …… 94

第一节　砖基础大放脚的砌筑工艺及构造 …… 94

第二节　砖基础大放脚砌筑的准备工作 …… 96

第三节　砖基础大放脚的组砌方法 …… 98

第四节　砖基础的砌筑步骤及要求 …… 102

第五节　料石基础大放脚的砌筑工艺及操作要求 …… 104

第六节　应注意的常见问题和质量预控 …… 107
第七节　砖石基础的质量标准和安全要求 …… 109
想一想 …… 111
练一练 …… 112
第五章　砌块墙砌筑 …… 113
第一节　小型砌块砌体构造 …… 113
第二节　小砌块施工 …… 116
第三节　中型砌块施工 …… 124
第四节　混凝土芯柱施工 …… 126
第五节　混凝土小型空心砌块砌体工程质量标准 …… 132
想一想 …… 137
练一练 …… 137
第六章　毛石墙砌筑 …… 139
第一节　毛石墙的组砌形式和砌筑方法 …… 139
第二节　毛石墙的砌筑工艺和操作要求 …… 143
第三节　毛石墙的质量标准和安全操作要求 …… 150
想一想 …… 154
练一练 …… 154
第七章　地面砖铺砌和乱石路面铺筑 …… 156
第一节　地面砖的材质要求 …… 156
第二节　地面构造层次和砖地面适用范围 …… 158
第三节　地面砖铺砌施工工艺和操作要求 …… 160
第四节　铺筑乱石路面 …… 166
第五节　砖地面的质量标准 …… 167
想一想 …… 170
练一练 …… 170
第八章　屋面瓦的施工 …… 172
第一节　平瓦屋面 …… 172
第二节　小青瓦屋面 …… 177
第三节　筒瓦屋面 …… 181

第四节　屋面瓦的质量与安全要求 …… 182
想一想 …… 183
练一练 …… 184
第九章　炉灶、火墙和火炕的砌筑 …… 185
第一节　家用炉灶砌法 …… 185
第二节　火墙、火坑的砌法 …… 189
想一想 …… 195
练一练 …… 195
第十章　窨井、化粪池、下水管道的施工 …… 197
第一节　排水管道施工 …… 197
第二节　窨井的施工 …… 200
第三节　化粪池的施工 …… 203
想一想 …… 206
练一练 …… 206
第十一章　砌筑工程的季节施工 …… 208
第一节　砌筑工程的冬期施工 …… 208
第二节　夏期、雨期施工 …… 219
想一想 …… 220
附录:砌筑工初级技能鉴定模拟试题及参考答案 …… 221
参考文献 …… 244

第一章　安全知识和职业道德

相关知识：1. 国家安全生产方针；

2. 施工现场环境卫生；

3. 建筑行业职业道德基本规范；

4. 相关法律法规。

第一节　劳动保护与安全生产

一、劳动保护

劳动保护，是指在生产过程中为保护劳动者的安全与健康，改善劳动条件，预防工伤事故和职业危害，实现劳逸结合，加强女工保护等进行的一系列技术措施和组织管理措施。劳动保护是随着生产而产生的，它与生产同时存在，哪里有生产，哪里就有劳动保护工作要做。同时，劳动保护是保护从事生产活动的劳动人民的，是保护劳动者在生产过程中的安全和健康的。

在我国，国家对劳动者的保护是多方面的，凡是劳动者应有的权利和利益，国家都要采取措施予以保护。国家为了实施劳动保护的各种措施，在各级政府机关、生产部门、企业中设置专管的机构和人员，进行具体工作，其中包括组织管理、安全技术和工业卫生等，统称为劳动保护工作。

在生产劳动过程中，存在着多种不安全、不卫生的因素，这些因素随时可危及劳动者的安全与健康，如果不采取措施加以防范，就有发生工伤事故和职业病的可能。例如，在工厂企业里可能会发生机械绞碾、电击伤害、压力容器和易爆物品爆炸所造成的事故，有毒物质、粉尘危害等引起的职业病；建筑施工中，可能发生高处坠落、物体打击、坍塌事故；交通运输中，可能会发生车辆伤害和淹溺事故；农业生产中，可能会发生农机伤害、触电、农药中毒等事故。所有这些，都直接影响劳动者的安全与健康，甚至危及劳动者的生命。

另外，在劳动过程中，劳动者还可能因工作时间过长或者劳动强度太大而过度疲劳，在这种情况下，由于劳动者体力不支，往往失去自身控制能力，极易发生工伤事故。女工从事过于繁重或者不适于妇女生理特点的劳动，也会给女工的安全、健康带来危害。

因此，开展企业劳动保护工作，主要是加强安全卫生专业管理，不断地改善劳动条件，实行劳逸结合，做好女工保护等项工作，消除一切危害劳动者的不安全、不卫生的因素，保证劳动者能在安全、卫生的条件下从事各种生产劳动。

二、劳动保护的内容

劳动保护，概括地说，就是国家、企业对劳动者（包括工人、工作人员、技术人员、领导者）在直接从事施工生产过程中的生命安全和身体健康的保护。

劳动保护是安全技术、劳动卫生、个人保护工作的总称。为了保护劳动者的安全健康，必须认真贯彻、执行党和国家制定的安全生产方针、劳动保护政策，建立健全的规章制度，设置专门的机构和管理人员，加强监督检查，广泛开展宣传教育，加强调查研究，总结推广劳动保护经验，具体的措施有三个方面：

1. 安全技术措施

安全技术措施，是以防止劳动者在施工生产中发生工伤事故为目的的各种技术措施。

2. 劳动卫生技术措施

劳动卫生技术措施，是以防止劳动者在施工生产中发生职业中毒和职业病危害，保护劳动者身体健康为目的的各种技术措施。

3. 个人保护措施

个人保护措施，是以保护劳动者在施工生产过程中的安全、健康为目的，对劳动者个人的保护性措施。

三、劳动保护的任务和方法

劳动保护的任务,从总的看就是解决安全与生产之间的矛盾,保护劳动者在生产过程中的安全和健康。具体地讲,通常包括以下方面:

(1) 积极开展安全生产工作,力争减少或消除工伤事故;

(2) 积极开展劳动保护工作,力争防止或消灭职业危害;

(3) 搞好劳逸结合,保证劳动者有合理的休息时间,使劳动者精力充沛;

(4) 根据妇女的生理特点,对劳动妇女进行特殊保护。

实现上述劳动保护任务,应着重抓好以下几项工作:

1. 加强领导、综合管理

国家有关劳动保护的方针、政策、法规,都要通过各级领导去实施,因此,领导是搞好安全生产工作的关键,是安全生产的第一责任者。安全寓于生产之中,与生产有关的各职能部门、各类人员也都与安全生产有关,都负有保障安全生产的责任。应该建立以领导为中心的组织保障体系,实行综合管理。要贯彻执行好劳动保护的方针、政策,还必须设置劳动保护管理机构和人员,进行有效的组织管理。人们把劳动保护方针、政策比作红绿灯,把组织管理比作交通警,光有红绿灯而无交通警,红绿灯就失去了存在的价值,甚至造成更大的混乱。这个比喻,不无道理。企业的劳动保护工作比较复杂,既要处理好和各方面的关系问题,又要解决好生产技术中的各种安全、卫生措施问题。这就需要有一个专职机构来具体管理这方面的工作,当好企业领导的助手和参谋。它的职责具有组织、督促、监督、检查的性质,而不是具体制定、执行安全技术和工业卫生措施,更不是发放劳动保护用品、处理伤亡职工及其遗属待遇问题。

2. 贯彻法规,加强法制

法规是国家制定的各种法律、法令、条例、规则、章程等文件的总称。国有国法,厂有厂规。劳动保护是人命关天的大事,不能没有法规。劳动保护法规是国家法规的一个组成部分。有了它,就可以统一认识,统一行动,各级领导就可以明确自己对保护劳动者安全和健康的职责和任务；对不执行法规的人，就可以用法规约束和制裁；劳动者在生产中的安全和健康就有了法规的保障。这是完成劳动保护任务的一项有力措施。

3. 建立健全监督检查制度

增加监督检查是加强法制的重要措施。有人立法，也要有人执法，否则有法不依等于无法。目前，我国在劳动保护的法制方面存在的突出问题，就是有些干部对法律的严肃性认识不足，不按法律办事，不懂得运用法律武器来向违法犯罪行为作斗争。人们常常只注意破坏事故，很少追究责任事故；对责任事故又只注意单纯教育，很少注意必要的法律制裁。其实，破坏事故和责任事故有本质区别，破坏事故是为了直接达到破坏目的而采取的破坏手段，责任事故是由于不负责导致的破坏，其后果都是同样严重的。我们的领导干部要成为知法、守法、执法的带头人，真正做到在法律面前人人平等。

4. 广泛进行安全教育，不断改善劳动条件

提高各级领导和群众对劳动保护工作重要性的认识，是完成劳动保护任务的重要前提。不重视安全的思想是最大的事故隐患。进行安全教育，首先在于提高各级领导和广大职工搞好劳动保护工作的责任感和自觉性，为贯彻党的劳动保护方针、政策、法规奠定正确的思想基础；其次，使广大职工掌握劳动保护科学知识，提高安全操作技术水平，为贯彻党的劳动保护方针、政策、法规创造有利条件。这样才可以使职工认识和掌握工伤事故和职业病害发生的原因和规律，在生产中把革命精神和科学态度结合起来，严格遵守安全技术操作规程，尽量避免工伤事故和职业病害的发生。同时，要不断改善工人的劳动条件，积极采取安全技术和劳动卫生技术措施。这是消除不安全、不卫生的因素，保证安全生产的根本办法。

四、安全生产的方针

方针是工作的指南，是指导工作的方向。安全生产方针，是我们劳动保护工作的指导方针。

建国以来，党和政府一贯重视安全生产工作，颁布了一系列的安全

生产和劳动保护法规，强调了安全工作的重要性。1985 年初，国务院成立了“全国安全生产委员会”，提出了“安全第一，预防为主”的安全生产方针，这也是劳动保护工作的指导方针。它要求在生产建设中把安全与生产看作是一个整体，树立“生产必须安全，安全促进生产”的辩证统一思想，切实保护劳动者的安全与健康。

要坚持“安全第一”的思想，就要认真贯彻党的安全生产方针，要克服生产与安全“两张皮”的现象，把安全与生产统一起来，把安全和生产看成是一个不能割裂开来的统一体。

五、安全管理

1. 安全生产管理保证体系

完善安全管理体制，建立健全安全管理制度、安全管理机构和安全生产责任制是安全管理的重要内容，也是实现安全生产目标管理的组织保证。

为适应社会主义市场经济的需要，我国实行“企业负责、行业管理、国家监察、群众监督”相结合的安全生产管理保证体系。

2. 企业安全管理保证体系

企业安全管理保证体系一般可分为六个：

(1) 以企业经理(厂长)为首的各级生产指挥、安全管理保证体系；

(2) 以党委书记为首的各级党组织把思想政治工作贯穿于安全生产中的安全思想工作保证体系；

(3) 以工会主席为首的工会组织发挥“教育、协助、监督”职能的群众监督保证体系；

(4) 以团委书记为首的青年职工安全生产保证体系；

(5) 以总工程师、总经济师、总会计师为首的安全技术、安全技术措施计划、安全技术经费计划保证体系；

(6) 以安全部门为主的专业安全管理、检查保证体系。

3. 企业工人安全生产责任制

(1) 认真学习并严格执行安全技术操作规程，自觉遵守安全生产规章制度；

(2) 积极参加安全活动,认真执行安全交底,不违章作业,服从安全人员的指导;

(3) 发扬团结友爱精神,在安全生产方面做到互相帮助、互相监督。对新工人要积极传授安全生产知识。维护一切安全设施和防护用具,做到正确使用,不准擅自拆改;

(4) 对不安全作业要敢于提出意见,并有权拒绝违章指令;

(5) 发生伤亡和未遂事故,要保护现场并立即上报。

六、认真贯彻执行施工安全技术措施

经过批准的安全技术措施具有技术法规的作用,必须认真贯彻执行。遇到因条件变化或考虑不周必须变更安全技术措施内容时,应由原编制、审批人员办理变更手续,不能擅自变更。

(1) 要认真进行安全技术措施的交底。工程开工前,总工程师或技术负责人,要将工程概况、施工方法和安全技术措施,向参加施工的工地负责人、工长和职工进行安全技术交底。每个单项工程开始前,应重复交代单项工程的安全技术措施。对安全技术措施中的具体内容和施工要求,应向工地负责人、工长进行详细交底和讨论,使执行者了解其道理,为安全技术措施的落实打下基础,安全交底应有书面材料,有双方的签字和交底日期。

(2) 安全技术措施中的各种安全防护设施的设置应列入施工任务单,责任落实到班组或个人,并实行验收制度。

(3) 加强安全技术措施实施情况的检查,技术负责人、编制者和安全技术人员,要经常深入工地检查安全技术措施的实施情况,及时纠正违反安全技术措施的行为、问题,要及时补充和整改,使之更加完善、有效。各级安全部门要以施工安全技术措施为依据,以安全法规和各项安全规章制度为准则,经常性地对各工地实施情况进行检查,并监督各项安全措施的落实。

(4) 对安全技术措施的执行情况,除认真监督检查外,还应建立必要的与经济挂钩的奖罚制度。

七、三级安全教育

安全教育，主要包括安全生产思想、安全知识、安全技能和法制教育四个方面的内容。

三级教育是企业必须坚持的安全生产基本教育制度。对新工人(包括新招收的合同工、临时工、学徒工、农民工及实习和代培人员)都必须进行厂(公司)、车间(工区、工程处、项目)、班组的三级安全教育。

三级安全教育一般由安全、教育和劳资等部门配合组织进行。经教育考试合格者才准许进入生产岗位，不合格者必须补课、补考。对新工人的三级安全教育情况，要建立档案(有的单位印制了职工安全生产教育卡等)。新工人工作一个阶段还应进行重复性的安全再教育，加深安全意识。

三级安全教育的主要内容包括以下几个方面。

(1) 公司(厂)进行安全基本知识、法规、法制教育，主要内容是：

① 党和国家的安全生产方针、政策；

② 安全生产法规、标准和法制观念；

③ 本单位施工(生产)过程及安全生产规章制度、安全纪律；

④ 本单位安全生产形势及历史上发生的重大事故及应吸取的教训；

⑤ 发生事故后如何抢救伤员、排险、保护现场和及时进行报告。

(2) 工区(工程处、车间、项目)进行现场规章制度和遵章守纪教育，主要内容是：

① 本单位(工区、工程处、车间、项目)施工(生产)特点及施工(生产)安全基本知识；

② 本单位(包括施工、生产场地)安全生产制度、规定及安全注意事项；

③ 本工种的安全技术操作规程；

④ 机械设备、电气安全及高处作业等安全基本知识；

⑤ 防火、防毒、防尘、防爆知识及紧急情况安全处置和安全疏散知识；

⑥ 防护用品发放标准及防护用具、用品使用的基本知识。

(3) 班组安全生产教育由班组长主持进行，或由班组安全员及指定技术熟练、重视安全生产的老工人讲解。进行本工种岗位安全操作及班组安全制度、纪律教育，主要内容是：

① 本班组作业特点及安全操作规程；

② 班组安全活动制度及纪律；

③ 爱护和正确使用安全防护装置（设施）及个人劳动防护用品；

④ 本岗位易发生事故的不安全因素及其防范对策；

⑤ 本岗位的作业环境及使用的机械设备、工具的安全要求。

八、安全检查

1. 安全检查的内容

安全检查内容主要应根据施工（生产）特点，制定检查项目、标准。但概括起来，主要是查思想、查制度、查机械设备、查安全设施、查安全教育培训、查操作行为、查劳保用品使用、查伤亡事故的处理等。

2. 安全检查的要求

(1) 各种安全检查都应根据检查要求配备力量。特别是大范围、全面性安全检查，要明确检查负责人，抽调专业人员参加检查，并进行分工，明确检查内容、标准及要求。

(2) 每种安全检查都应有明确的检查目的和检查项目、内容及标准。重点、关键部位（“保证项目”）要重点检查。对大面积或数量多的相同内容的项目可采取系统地观察和一定数量的测点相结合的检查方法。检查时必须采用规定的检测工具，用数据说话。对现场管理人员和操作工人不仅要检查是否有违章指挥和违章作业行为，还应进行应知应会知识的抽查，以便了解管理人员及操作工人的安全素质。

(3) 检查记录是安全评价的依据，因此要认真、详细地进行记录。特别是对隐患的记录必须具体，如隐患的部位、危险性程度及处理意见等。采用安全检查评分表的，应记录每项扣分的原因。

(4) 安全检查需要认真地、全面地进行系统分析，定性定量地进行安全评价。必须明确哪些检查项目已达标；哪些检查项目虽然基本上达标,但是还有哪些方面需要进一步完善;哪些项目没有达标,存在哪些问题需要整改。受检单位(即使本单位自检也需要安全评价)根据安全评价可以研究预控和管理的方法,进行整改和加强管理。

(5) 整改是安全检查工作重要的组成部分,是检查的目的。整改工作包括隐患登记、整改、复查、销案。

3. 对检查出来的隐患的处理

(1) 检查中发现的隐患应该进行登记,不仅是作为整改的备查依据,而且是提供安全动态分析的重要信息渠道。例如,各单位或多数单位(工地、车间)安全检查都发现同类型隐患,说明是“通病”。若某单位安全检查中经常出现相同隐患,说明没有整改或整改不彻底,形成“顽症”。根据隐患记录的信息流,可以制定出指导安全管理的决策。

(2) 安全检查中查出的隐患除进行登记外,还应发出隐患整改通知单,引起整改单位重视。对有即发性事故危险的隐患,检查人员应责令停工,被查单位必须立即整改。

(3) 对于违章指挥、违章作业行为,检查人员可以当场指出,进行纠正。

(4) 被检查单位领导对查出的隐患,应立即研究整改方案,按照“三定”(即定人、定期限、定措施),立即进行整改。

(5) 整改完成后要及时通知有关部门。有关部门要立即派员进行复查,经复查整改合格后,进行销案。

九、伤亡事故管理

1. 伤亡事故的定义

所谓事故,就是人们在进行有目的的活动过程中,发生了违背人们意愿的不幸事件,使其有目的行动暂时或永久地停止。

企业职工发生伤亡,大体上分两类:一是因工伤亡,即因生产(工作)而发生的;二是非因工伤亡,即与生产(工作)无关造成的伤亡。

2. 伤亡事故的分类

根据国务院 1991 年 5 月 1 日起实施的《企业职工伤亡事故报告和处理规定》,职工在劳动过程中发生的人身伤害、急性中毒伤亡事故分为:轻伤、重伤、死亡、重大死亡事故。

建设部按程度不同,把工程建设过程中的重大事故分为四个等级:

一级重大事故,死亡30人以上或直接经济损失300万元以上的;

二级重大事故,死亡10人以上,29人以下或直接经济损失100万元以上,不满300万元的;

三级重大事故,死亡3人以上,9人以下;重伤20人以上或直接经济损失30万元以上,不满100万元的;

四级重大事故,死亡2人以下;重伤3人以上,19人以下或直接经济损失10万元以上,不满30万元的。

3. 伤亡事故的处理

发生伤亡事故后,负伤人员或最先发现事故的人应立即报告领导。企业对受伤人员歇工满一个工作日以上的事故,要填写伤亡事故登记表并应及时上报。

企业发生重伤和重大伤亡事故,必须立即将事故概况(包括伤亡人数、发生事故的时间、地点、原因)等,用快速方法分别报告企业主管部门、行业安全管理部门和当地劳动、公安、人民检察院及工会。发生重大伤亡事故,各有关部门接到报告后应立即转报各自的上级管理部门。

对于事故的调查处理,必须坚持"事故原因没有查清不放过,事故责任者没有严肃处理不放过,广大职工没有受到教育不放过,防范措施没有落实不放过"的"四不放过"的原则,并按照下列步骤进行:

(1) 迅速抢救伤员并保护好事故现场。事故发生后,现场人员不要惊慌失措,要有组织、有指挥,首先抢救伤员和排除险情,制止事故蔓延扩大,同时保护好事故现场。

(2) 组织调查组。由企业负责人或其指定人员组织生产、技术、安全等有关人员以及工会成员组成事故调查组,进行调查。

(3) 现场勘查。在事故发生后,调查组必须到现场进行勘查。

(4) 分析事故原因,确定事故性质。

(5) 根据对事故分析得出的原因,制定防止类似事故再次发生的措施。

(6) 写出调查报告。调查组应着重把事故发生的经过、原因、责任分析和处理意见以及本次事故的教训和改进工作的建议等写成文字报告,经调查组全体人员签字后报批。

(7) 事故的审理和结案。伤亡事故处理工作应当在 90 日内结案,特殊情况不得超过 180 日。

第二节　施工现场环境卫生

一、总体要求

(1) 工地门口应有“五牌二图”(施工单位及工地名称牌、工地主要管理人员名单牌、安全生产无重大事故计数牌、安全生产六大纪律牌、防火安全须知牌、施工现场总平面图、现场区域卫生包干图),及安全卫生、文明施工监督电话(施工上级主管机关、当地建设行政监督管理部门等)。

(2) 工地内要有安全生产、文明卫生内容的宣传栏或宣传标语等。

(3) 一般工地应有急救箱并备有有效的药品,条件好或较大的工地设立医务室,配备医务人员及必要的设备。

(4) 工地必须要有环境卫生及文明施工的各项管理制度,现场要有除“四害”制度和措施(制度与措施要上墙)。

(5) 工地现场管理资料中,必须有环境卫生、文明施工的措施要求,并落实责任到人。

二、施工区卫生管理

1. 环境卫生管理的责任区

为了创造舒适的工作环境,养成良好的文明施工作风,保证职工身体健康,施工区域和生活区域应有明确划分,把施工区和生活区分成若干片,分片包干,建立责任区,从道路交通、消防器材、材料堆放到垃圾、厕所、厨房、宿舍、火炉、吸烟等都有专人负责,做到责任落实到人(名单上墙),使文明施工、环境卫生工作保持经常化、制度化。

2. 环境卫生管理措施

(1) 施工现场要天天打扫，保持整洁卫生，场地平整，各类物品堆放整齐，道路平坦畅通，无堆放物、无散落物，做到无积水、无黑臭、无垃圾，有排水措施。生活垃圾与建筑垃圾要分别定点堆放，严禁混放，并应及时清运。

(2) 施工现场严禁大小便，发现有随地大小便现象要对责任区负责人进行处罚。施工区、生活区有明确划分，设置标志牌，标志牌上注明责任人姓名和管理范围。

(3) 卫生区的平面图应按比例绘制，并注明责任区编号和负责人姓名。

(4) 施工现场零散材料和垃圾，要及时清理，垃圾临时堆放不得超过 3 天，如违反本条规定要处罚工地负责人。

(5) 办公室内做到天天打扫，保持整洁卫生，做到窗明地净，文具摆放整齐。达不到要求，对当天卫生值班员进行处罚。

(6) 职工宿舍铺上、铺下做到整洁有序，室内和宿舍四周保持干净，污水和污物、生活垃圾集中堆放，及时外运。发现有不符合此条要求的情况，处罚当天的卫生值班员。

(7) 冬季办公室和职工宿舍取暖炉，必须有验收手续，合格后方可使用。

(8) 楼内清理出的垃圾，要用容器或小推车运走，用塔吊或提升设备运下，严禁高空抛撒。

(9) 施工现场的厕所，做到有顶、门窗齐全并有纱，坚持天天打扫，每周撒白灰或打药一两次，消灭蝇蛆，便坑须加盖。

(10) 为了广大职工身体健康，施工现场必须设置保温桶(冬季)和开水(水杯自备)，公用杯子必须采取消毒措施，茶水桶必须有盖并加锁。

三、生活区卫生管理

1. 宿舍卫生管理规定

(1) 职工宿舍要有卫生管理制度，实行室长负责制，规定一周内每天卫生值日名单并张贴上墙，做到天天有人打扫，保持室内窗明地净，通风良好。

(2) 宿舍内各类物品应堆放整齐,不到处乱放,做到整齐美观。

(3) 宿舍内保持清洁卫生,清扫出的垃圾倒在指定的垃圾站堆放,并及时清理。

(4) 生活废水应有污水池,二楼以上应有水源及水池,做到卫生区内无污水、污物,废水不得乱倒乱流。

(5) 冬季取暖炉的防煤气中毒设施必须齐全、有效,建立验收合格证制度,经验收合格发证后,方准使用。

(6) 未经许可一律禁止使用电炉及其他用电加热器具。

2. 办公室的卫生管理规定

(1) 办公室排出卫生值班表,办公室全体人员轮流值班。

(2) 值班人员负责打扫卫生、打水,做好来访记录,整理文具。文具应摆放整齐,做到窗明地净,无蝇、无鼠。

(3) 冬季负责取暖炉的看火,落地炉灰及时清扫,炉灰按指定地点堆放,定期清理外运,防止发生火灾。

(4) 未经许可一律禁止使用电炉及其他电加热器具。

3. 厕所卫生管理规定

(1) 施工现场要按规定设置厕所,厕所的合理设置方案:厕所设置要离食堂 30 m 以外,屋顶墙壁要严密,门窗齐全有效,便槽内必须铺瓷砖;厕所要有专人管理,应有化粪池,严禁将粪便直接排入下水道或河流沟渠中;露天粪池必须加盖。

(2) 厕所定期清扫制度:厕所设专人天天冲洗打扫,做到无积垢、垃圾及明显臭味;应有洗手水源;市区工地厕所要有水冲设施,保持厕所清洁卫生。

(3) 厕所灭蝇蛆措施:厕所按规定采取冲水或加盖措施,定期撒药或撒白灰粉,消灭蝇蛆。

第三节 职业道德

一、职业道德的概念

（一）道德

所谓道德，就是通过社会舆论、内心信念和传统习惯，主要以善恶、荣辱、正义和非正义等为标准来评价人们的行为，调整人们之间以及个人与社会之间关系的行为准则和规范的总和。

道德是人类社会特有的现象。人类的一切活动都是在社会中进行的。在社会生产和社会生活中，人和人之间，人和社会之间必然发生各种社会关系。为维持正常的社会关系和社会秩序，需要有人人共同遵守的原则和规范来调整方方面面的社会关系，对个人的行为加以必要的约束和限制。这些原则和规范，有的上升为法律规范，由国家的强制力保证其实施；有的是通过各种形式的教育与社会舆论的力量，使人们逐渐形成一定的信念、习惯、传统而发生作用。这后一类调整人们之间以及个人和社会之间关系的行为准则和规范，称之为道德。

（二）职业

所谓职业，是指适应社会的需要而产生的人们在社会生产和社会生活中对社会所承担的一定的职责和所从事的专门工作。例如，从事公共管理和社会管理工作的是国家公职人员的职业，从事教育和传授知识工作的是教师职业，治病救人是医生的职业，演戏是演员的职业等等。

职业是一个历史范畴。由于社会分工，经过无数次的分化和组合，到现代社会便形成成千上万个职业或行业。任何一种职业，从社会分工的角度看，都是社会物质生产和精神生产总体系中的一个部门，它对社会的存在和发展有着特殊的作用和意义；从人类个体的角度看，又是社会成员的最重要的社会活动形式。一般来说，一个人成年之后，走向社会，就要在社会生产和社会生活中承担一定的职责，从事某种专门活动，这是谋生手段，也是对社会承担的义务。因此，职业活动、职业生活是整个社会不断向前发展的生命线。

(三) 职业道德

社会存在决定社会意识。人们在长期的职业生活中逐渐形成适合于职业特点的各种独特的职业道德。职业道德是一般社会道德在职业生活中的具体体现。它指从事一定职业的人们在职业活动中应该遵循的道德规范的总和。

各种职业有其特定的内容和形式。人们从事一定的职业活动必然会与国家、集体或他人发生职业关系,包括从事一定职业活动的个人或集团与服务对象的关系,职业性群体内部从业人员上下左右之间的工作关系,从业人员与工作对象(即职业活动手段、成果等)的关系,职业群体之间的关系,从业人员、职业群众和社会整体的关系,等等。这方方面面的职业关系是特殊的人际关系,具有鲜明的职业特色。在诸多职业关系中,除了通过行政、法律、经济的手段予以规范和调整外,还需要有一种适应职业生活特点的职业道德规范来调整职业关系,以维持正常的职业关系及由此而形成的职业秩序。

职业道德是在职业活动实践中产生的。首先,随着社会分工的出现和发展,职业分工越来越细,从事不同职业的人对社会承担的职责不同,这直接影响着人们对生活目标的确立和生活道路的选择,影响着职业理想和道德理想的形成;其次,不同的职业在社会中的地位和利益是不同的,这也直接影响着人们的道德观念和评价社会行为的道德标准,进而形成具有某种职业特色的道德习惯和道德传统;再次,各种职业的对象、活动条件和生活方式的特殊要求,直接影响着人们的兴趣、爱好、情操,从而影响着人们形成有某种职业特色的品格和作风。

二、建设行业职业道德基本规范

(一) 爱岗敬业、乐于奉献

在社会职业分工中,建设行业有着露天作业的特征,从业人员经常受到风霜雨雪冰的困扰,工作环境艰苦。与此同时,一方面,全社会都在享受建设行业的建设成果;另一方面,由于传统意识的影响,人们往往歧视建设行业,歧视建设行业的从业人员。因此,爱岗敬业,乐于奉献作为一项道德要求，对建设行业的从业人员来说有着特殊的意义。爱岗敬业，这需要行业的从业人员能从全社会的整体角度来认识建设行业的社会价值，从而认识自己工作岗位的社会价值，热爱自己的工作岗位。只有爱岗敬业，有相应的职业感情，才能有乐于奉献的精神境界。

爱岗敬业，乐于奉献还要求从业人员要有艰苦创业的思想，全身心地投入岗位实践，吃大苦耐大劳，锲而不舍，立志岗位成才，成为岗位和业务尖子，以自己精湛的技艺、技能谱写事业的新篇章。

（二）公平竞争、重信守约

在社会主义市场经济条件下，建设单位和施工企业的相互选择是通过招投标的程序、机制来实现的。施工企业应当以一流的质量、适当的工期、合理的价格来争取在投标竞争中中标。公平竞争的道德规范，是用来调整在投标竞争中施工企业间的相互关系的。重信守约的道德规范，是用来调整中标后的施工企业与建设单位间的相互关系的。坚持公平竞争、重信守约的道德要求，在宏观上有利于施工企业在竞争中提高自身的素质和能力，有利于建设单位的工程建设投资获得最佳的经济效益。公平竞争，重信守约既是建筑业职业道德的要求，也是社会主义法制的要求。

（三）严格把关、质量第一

建筑产品的特点之一是使用寿命长，一般在一百年左右。它是人类社会生活和从事各项生产活动最基本的条件之一。因此，建筑产品的质量优劣有着特别重要的意义，它直接关系到产品的适应性及能否实现产品功能，关系到人民生命财产的安全和社会安定，关系到国家经济建设的速度和效益。低劣质量的建筑产品需要大幅度地增加返修、加固、补强，由此会带来人工、器材、能源的消耗，会给用户增加使用过程中的维修、改造的费用，会使建筑产品缩短寿命，造成用户的损失。严格把关、质量第一是建筑业的传统道德准则，也是建筑业职业道德的基本准则。

（四）文明施工、安全生产

文明施工、安全生产的道德规范，是用来调整施工企业及其工作人员与周围公众的相互关系及施工现场内部关系的行为准则之一。由于建筑施工的特殊性,“施工扰民”在所难免,“危险”因素颇多。为此,建设行业的职工应把这些消极后果降低到最低限度。文明施工要通过对施工现场的质量、安全用电、机械设备、技术、消防保卫、场容、卫生、环保、材料等各方面的管理,创造良好的施工环境和施工秩序,完成建筑产品生产,提高企业经济和社会效益,文明施工,安全生产是现代化施工本身的客观要求。现代化施工要采用先进的技术、工艺、材料和设备,需要严密的组织、科学的施工方案、标准化的管理。如果现场管理混乱,不坚持文明生产施工,一切科学成果的应用就不能转化为生产力。文明施工,安全生产是企业的形象,在建筑市场内,众多的建设单位在选择施工企业时,往往会受“以貌取人”的影响,如果施工现场脏、乱、差,建设单位就不会选择这样的施工企业。

(五) 钻研技术、一专多能

钻研技术、一专多能的道德规范,是用来调节从业人员与建设行业发展的相互关系的行为准则。当代建筑产品的发展,科技含量越来越多,包括新材料的采用和新工艺的应用等。提高科技水平是振兴建设行业的必由之路。科学技术要通过从业人员努力学习、应用,才能转化为建筑科技,转化为生产力。一专多能是科学知识和生产技术交叉结合,相互渗透的客观要求。

第四节 法律法规

一、建筑法

《中华人民共和国建筑法》(以下简称《建筑法》)旨在加强对建筑活动的监督管理,维护建筑市场秩序,保证建筑工程的质量和安全,促进建筑业健康发展。《建筑法》中有关于施工许可、工程发包与承包以及工程监理、安全和质量管理的规定,适用于中华人民共和国境内的所有建筑活动。

(一) 建筑许可制度

建筑许可包括建筑工程施工许可和从业资格两个方面。

1. 建筑工程施工许可制度

建筑工程施工许可制度是指建设行政主管部门依据法定程序和条件,审查建筑工程的施工条件,对符合条件者准许开工并颁发施工许可证的管理制度。

(1) 施工许可证的申请领取。除国务院建设行政主管部门确定的限额以下的小型工程外,建筑工程开工前,建设单位必须向建设行政主管部门或其授权的部门申请领取施工许可证。未领取施工许可证的,不得开工。

《建筑法》规定,申请领取施工许可证,应当具备如下条件:已办理该建筑工程用地批准手续;在城市规划区的建筑工程,已经取得规划许可证;需要拆迁的,其拆迁进度符合施工要求;已确定建筑施工企业;有满足施工需要的施工图纸及技术资料;有保证工程质量和安全的具体措施;建设资金已经落实;法律、行政法规规定的其他条件。

(2) 建设单位应当自领取建筑工程施工许可证之日起 3 个月内开工。因故不能按期开工的,应当向发证机关申请延期;延期以两次为限,每次不超过 3 个月。既不开工又不申请延期或者超过期限,施工许可证自行废止。

在建的建筑工程因故中止施工的,建设单位应当自中止施工之日起 1 个月内,向发证机关报告,并按照规定做好建筑工程的维护管理工作。工程恢复施工时,应当向发证机关报告。对中止施工满 1 年的工程,恢复施工前,建设单位应当报发证机关核验施工许可证。

按照国务院有关规定批准开工报告的建筑工程,因故不能按期开工或者中止施工的,应当及时向批准机关报告情况。因故不能按期开工超过 6 个月的,应当重新办理开工报告的批准手续。

2. 从业资格制度

从业资格制度包括从事建筑活动的企业、单位资质制度和专业技术人员资格制度。

(1) 企业、单位条件要求。从事建筑活动的施工企业,勘察、设计和监理单位应当具备下列条件:有符合国家规定的注册资本,有与其从事的建筑活动相适应的具有法定执业资格的专业技术人员，有从事相关建筑活动所应有的技术装备，法律、行政法规规定的其他条件。

(2) 企业、单位资质管理。从事建筑活动的施工企业，勘察、设计和监理单位，按照其拥有的注册资本、专业技术人员、技术装备、已完成的建筑工程业绩等资质条件，划分为不同的资质等级，经资质审查合格，取得相应等级的资质证书后，方可在其资质等级许可的范围内从事建筑活动。

(3) 专业技术人员资格。从事建筑活动的专业技术人员，如建筑师、结构工程师、造价工程师、监理工程师、建造师等，要通过国家任职职业资格考试，由建设行政主管部门注册并颁发资格证书。建设工程从业人员应在其执业资格证书许可的范围内从事建筑活动。

(二) 建筑工程的发包、承包

1. 建筑工程发包

建设工程发包，是指建设单位遵循公开、公正、公平的原则，通过采用公告或邀请书等方式提出项目内容及其条件和要求，约请有兴趣参与竞争的单位按规定条件提出实施计划、方案和价格等，再采用一定的评价方法择优选定承包单位，最后以合同形式委托其完成指定工作的活动。《建筑法》规定，建筑工程依法实行招标发包，施工、安装、供货、设计、勘察等活动都可以采用招标发包的形式。

2. 建筑工程承包

建筑工程承包是指承包单位(勘察、设计、施工、安装单位)通过一定的方式取得工程项目建设合同的活动。

(1) 承包单位的资质管理。承包建筑工程的单位应当持有依法取得的资质证书，并在其资质等级许可的业务范围内承揽工程。

禁止建筑施工企业超越本资质登记许可的业务范围或者以任何形式用其他建筑施工企业的名义承揽工程。禁止建筑施工企业以任何方式允许其他单位或个人使用本企业的资质证书、营业执照，以本企业的名义承揽工程。

(2) 联合承包。大型建筑工程或结构复杂的建筑工程，可以由两个以上的承包单位联合共同承包。共同承包的各方对承包合同的履行承担连带责任。两个以上不同资质等级的单位实行联合共同承包的，应当按照资质等级低的单位的业务许可范围承揽工程。

(3) 工程分包。建筑工程总承包单位可以将承包工程中的部分工程发包给具有相应资质条件的分包单位。但是，除总承包合同中已约定的分包外，必须经建设单位认可。禁止分包单位将其承包的工程再分包。禁止承包单位将其承包的全部建筑工程转包给他人，或将其承包的全部建筑工程肢解以后以分包的名义分别转包给他人。

(三) 建筑工程监理

国家推行建筑工程监理制度。建筑工程监理，是指工程监理单位接受建设单位委托，依照法律、行政法规及有关的技术标准、设计文件和建设工程承包合同，对承包单位工程质量、进度、安全和资金使用等方面，代表建设单位实施的监督管理。

实行监理的建筑工程，由建设单位委托具有相应资质条件的工程监理单位监理。建设单位与其委托的工程监理单位应当订立书面委托监理合同。建筑工程监理代表建设单位对承包单位实施监督。工程监理人员认为工程施工不符合工程设计要求、施工技术标准和合同约定的，有权要求建筑施工企业改正。工程监理人员发现工程设计不符合建筑工程质量标准或者合同约定的质量要求的，应当报告建设单位要求设计单位改正。

我国《建设工程质量管理条例》规定：国家重点建设工程，大、中型公用事业工程，成片开发建设的住宅小区工程，利用外国政府或者国际组织贷款、援助资金的工程，国家规定的必须实行监理的其他工程等工程必须实行监理。

实施建筑工程监理前，建设单位应当将委托的工程监理单位、监理的内容及监理权限，书面通知被监理的建筑施工企业。工程监理单位应当在其资质等级许可的监理范围内承担监理业务，根据建设单位的委托，客观、公正地执行监理任务。工程监理单位不得与被监理工程的承包单位以及建筑材料、建筑构配件和设备供应单位有隶属关系或其他利害关系，不得转让监理业务。

工程监理单位不按照委托监理合同的约定履行监理义务，对应当监督检查的项目不检查或不按规定检查,给建设单位造成损失的,应当承担相应的赔偿责任。工程监理单位与承包单位串通,为承包单位谋取非法利益,给建设单位造成损失的,应当与承包单位承担连带赔偿责任。

(四)建筑安全生产管理

建筑活动应当确保建筑工程的安全,符合国家的建筑工程安全标准。建筑工程安全生产管理必须坚持安全第一、预防为主的方针,建立健全安全生产的责任制度和群防群治制度。

施工现场安全由建筑施工企业负责。实行施工总承包的,由总承包单位负责。分包单位向总承包单位负责,服从总承包单位对施工现场的安全生产管理。建筑施工企业必须依法加强对建筑安全生产的管理,执行安全生产责任制度,采取有效措施,防止伤亡和其他安全事故的发展。建筑施工企业的法定代表人对本企业的安全生产负责。

建筑施工企业应在施工现场采取维护安全、防范危险、预防火灾等措施;采取控制和处理施工现场的各种粉尘、废气、废水及噪声、振动的污染和危害的措施,为从事危险作业的职工办理意外伤害保险。

建筑工程设计也应当符合按照国家规定制定的建筑安全规程和技术规范,保证工程的安全性能。

(五)建筑工程质量管理

建筑工程质量是根据合同、设计文件及有关法律、法规、技术标准对工程安全性、适用性、经济性、美观性等的综合要求。

建设单位不得要求设计、施工单位违反法律、法规和质量、安全标准,降低工程质量,如果建设单位提出此类要求,设计和施工单位应当予以拒绝。建筑施工企业对工程的施工质量负责,要按有关要求对建筑材料、构配件和设备进行检验,不合格的不得使用,必须按设计图纸和技术标准施工,不得偷工减料。建筑工程实行总承包的,工程质量由工程总承包单位负责,总承包单位将建筑工程分包给其他单位的,应当对分包工程的质量与分包单位承担连带责任。分包单位应当接受总承包单位的质量管理。建筑工程的勘察、设计单位对其勘察、设计的质量负责。

交付竣工验收的建筑工程，必须符合规定的建筑工程质量标准，有完整的工程技术经济资料和签署的工程保修书。

建筑工程实行质量保修制度，保修的期限应当按照保证建筑物合理寿命年限内正常使用，维护使用者合法权益的原则确定。

二、其他相关法律

（一）招标投标法

《中华人民共和国招标投标法》（以下简称《招标投标》）是在中华人民共和国境内进行招标投标活动必须遵循的法律制度。

《招标投标法》规定，在中华人民共和国境内进行下列工程建设项目（包括项目的勘察、设计、施工、监理以及与工程建设有关的重要设备、材料等的采购），必须进行招标：大型基础设施、公用事业等关系社会公共利益、公众安全的项目，全部或者部分使用国有资金投资或者国家融资的项目，使用国际组织或者外国政府贷款、援助资金的项目。上述项目的具体范围和规模标准，由国务院发展计划部门会同国务院有关部门制订，报国务院批准。法律或者国务院对必须进行招标的其他项目的范围有规定的，依照其规定。

（二）合同法

《中华人民共和国合同法》（以下简称《合同法》）旨在保护合同当事人的合法权益，维护社会经济秩序，促进社会主义现代化建设。

《合同法》的基本原则：

1. 平等、自愿原则

合同当事人的法律地位平等。不论是自然人、法人还是其他组织，不论所有制性质和经济实力，不论有无上下级隶属关系，在合同关系中的法律地位是平等的，都是独立的、享有平等主体资格的合法当事人。法律地位的平等是自愿原则的前提。

2. 公平、诚实、信用原则

《合同法》规定："当事人应当遵循公平原则确定各方的权利和义务"，"当事人行使权利、履行义务应当遵循诚实信用原则"。公平、诚实、信用是民事活动的最重要的基本原则。公平、诚实、信用原则，要求当事人在订立和履行合同，以及合同终止后的全过程中都要讲诚实，重信用，相互协作，不得滥用权利。

3. 遵守法律、维护社会公共利益的原则

《合同法》规定："当事人订立、履行合同，应当遵守法律、行政法规，尊重社会公德，不得扰乱社会经济秩序，损害社会公共利益。遵守法律和不得损害社会公共利益是合同法的重要基本原则。

4. 依法成立的合同对当事人具有法律约束力的原则

《合同法》规定："依法成立的合同，对当事人具有法律约束力。当事人应按照约定履行自己的义务，不得擅自变更或者解除合同。"订立合同实行自愿原则，但是，依法成立的合同，对当事人具有法律约束力，受法律保护。当事人应按照合同的约定履行各自的义务，非依法律规定或者取得相对人的同意，不得擅自变更或者解除合同；如果不履行合同义务或者履行合同义务不符合约定，必须承担违约责任或者受到法律的制裁。

(三) 保险法

《中华人民共和国保险法》中所称的保险，是指投保人根据合同约定，向保险人支付保险费，保险人对于合同约定的可能发生的事故因其发生所造成的财产损失承担赔偿保险金责任，或者当被保险人死亡、伤残、疾病或达到合同约定的年龄、期限时承担给付保险金责任的商业保险行为。

1. 保险合同的概念

保险合同是指投保人与保险人(即保险公司)约定保险权利义务关系的协议。

2. 保险合同的分类

保险合同可以分为财产保险合同和人身保险合同。

(1) 财产保险合同。财产保险合同以财产及其有关利益为保险标的。建筑工程一切险和安装工程一切险即属财产保险。

(2) 人身保险合同。人身保险合同以人的寿命和身体为保险标的。

3. 保险事故的处理

保险事故发生后，投保人、被保险人或受益人应当向保险人提供有关保险事故的性质、原因、损失程度等的证明和资料。保险人收到被保险人或受益人的赔偿或给付保险金的请求后，应当及时做出核定，并将核定结果通知被保险人或受益人；对属于保险责任的，在与被保险人或受益人达成有关赔偿或给付保险金额的协议后10日内，履行赔偿或给付保险金义务。保险合同对保险金额及赔偿或给付期限有约定的，保险人应依照保险合同的约定，履行赔偿或给付保险金义务。保险人收到赔偿或给付保险金的请求及证明资料之日起60日内，若仍不能确定赔付或给付数额，则应先予支付最低数额。

（四）中华人民共和国反不正当竞争法

《中华人民共和国反不正当竞争法》是一部旨在保障社会主义经济健康发展，鼓励和保护公平竞争，制止不正当竞争行业，保护经营者和消费者合法权益的法律。

（五）安全生产法

《中华人民共和国安全生产法》（以下简称《安全生产法》）是为了加强安全生产监督管理，防止和减少生产安全事故，保障人民群众生命和财产安全，促进经济发展而制定的法律。《安全生产法》规定了从业人员的权利和义务，有以下九条。

（1）生产经营单位与从业人员订立的劳动合同，应当载明有关保障从业人员劳动安全、防止职业危害的事项，以及依法为从业人员办理工伤社会保险的事项。

生产经营单位不得以任何形式与从业人员订立协议，免除或者减轻其对从业人员因生产安全事故伤亡依法应承担的责任。

（2）生产经营单位的从业人员有权了解其作业场所和工作岗位存在的危险因素、防范措施及事故应急措施，有权对本单位的安全生产工作提出建议。

（3）从业人员有权对本单位安全生产工作中存在的问题提出批评、检举、控告，有权拒绝违章指挥和强令冒险作业。

生产经营单位不得因从业人员对本单位安全生产工作提出批评、检举、控告或者拒绝违章指挥、强令冒险作业而降低其工资、福利等待遇或者解除与其订立的劳动合同。

(4) 从业人员发现直接危及人身安全的紧急情况时,有权停止作业或者在采取可能的应急措施后撤离作业场所。

生产经营单位不得因从业人员在紧急情况下停止作业或者采取紧急撤离措施而降低其工资、福利等待遇或者解除与其订立的劳动合同。

(5) 因生产安全事故受到损害的从业人员,除依法享有工伤社会保险外,依照有关民事法律尚有获得赔偿的权利的,有权向本单位提出赔偿要求。

(6) 从业人员在作业过程中,应当严格遵守本单位的安全生产规章制度和操作规程,服从管理,正确佩戴和使用劳动防护用品。

(7) 从业人员应当接受安全生产教育和培训,掌握本职工作所需要的安全生产知识,提高安全生产技能,增强事故预防和应急处理能力。

(8) 从业人员发现事故隐患或者其他不安全因素,应当立即向现场安全生产管理人员或者本单位负责人报告;接到报告的人员应当及时予以处理。

(9) 工会有权对建设项目的安全设施与主体工程同时设计、同时施工、同时投入生产和使用进行监督,提出意见。

工会对生产经营单位违反安全生产法律、法规,侵犯从业人员合法利益的行为,有权要求纠正;发现生产经营单位违章指挥、强令冒险作业或者发现事故隐患时,有权提出解决的建议,生产经营单位应当及时研究答复;发现危及从业人员生命安全的情况时,有权向生产经营单位建议组织从业人员撤离危险场所,生产经营单位必须立即做出处理。

工会有权依法参加事故调查,向有关部门提出处理意见,并要求追究有关人员的责任。

(六) 中华人民共和国环境噪声污染防治法

《环境噪声污染防治法》规定,在城市市区范围内向周围生活环境排放建筑施工噪声的,应当符合国家规定的建设施工场地环境噪声标准。

在城市市区范围内,建设施工过程中使用机械设备,可能产生环境噪声污染的，施工单位必须在工程开工前15日向工程所在地县级以上地方人民政府环境保护行政主管部门申报该工程的项目名称、施工场所和期限、可能产生的环境噪声以及所采取的环境噪声污染防治措施的情况。

想一想

1. 砌筑工种的个人保护措施及安全防护设施有哪些？
2. 什么是伤亡事故？伤亡事故如何处理？
3. 什么是保险合同？保险合同的类型有哪些？

第二章　砌筑工基本知识

相关知识：1. 建筑施工图的成图原理；
2. 砌体的构造知识；
3. 砌体的受力分析。

技能要求：1. 能识读建筑施工图；
2. 能正确使用砌筑工具和检查工具。

第一节　建筑识图

一、建筑施工图的成图原理

1. 投影

光线照射物体后都会留下影子，这种现象叫光线对物体的投影，如图 2－1 所示。点光源照射物体后产生的比实物放大的影子叫一点投影，如图 2－1(a)所示。一组平行光垂直照射物体后产生的与实物大小形状相同的影子叫正投影，如图 2－1(b)所示。建筑施工图就是根据正投影的原理绘制的。

2. 六面视图

根据正投影原理，我们可以知道一个物体一般可以在空间相互垂直的六个平面上投影。如一块砖，它可以向上、向左、向右、向前、向后、向下的六个平面上投影，从而反映出它的大小和形状。由于砖是一块平行六边体，它的每两个对称面是相同的，所以只要取它向下、向后、向右三个面上的投影图形，就可以知道这块砖的形状和大小。图 2－2 是一块砖的大面、条面、顶面在下、后、右三个平面上的投影图，这些投影图又叫做视图。为了区分房屋的视图是代表哪一个投影面上的图，我们给不同的视图起了不同的名字：从物体前面看过去所得到的视图，我

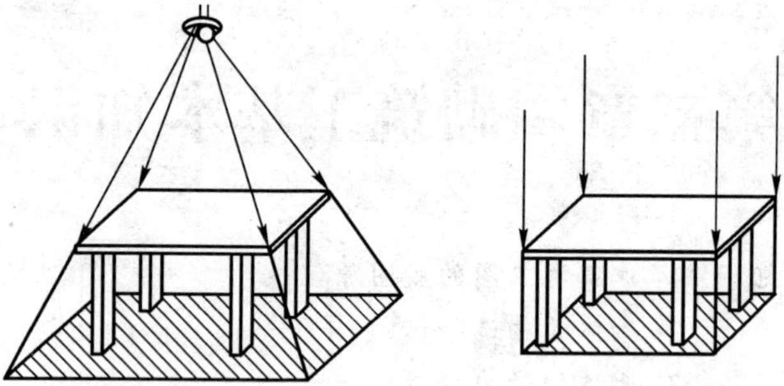

(a) 点光源照射物体的投影　　(b) 平行光垂直照射物体的投影

图 2-1　物体的投影

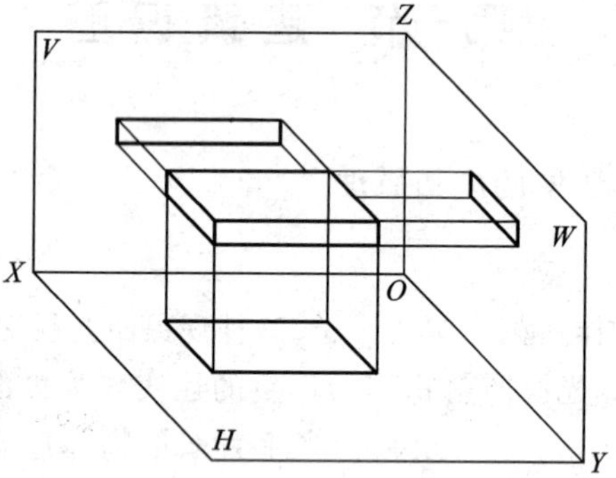

图 2-2　砖的三面正投影

们叫主视图,在建筑上叫正立面图;从顶上看下去所得到的视图叫俯视图,在建筑上叫平面图;从左(右)面看过去所得到的视图叫侧视图,在建筑上叫侧立面图,如图 2-3 所示。

一幢房屋的投影是比较复杂的,仅其外形的投影就需要 5~6 个视图来表示。如图 2-4 所示是一个平房在五个面上的投影,反映了它外立面、屋顶平面的图形。

3. 点、直线、平面的正投影

(1) 点:一个点在空间的各个投影面上的投影总是一个点,如图 2-5所示。

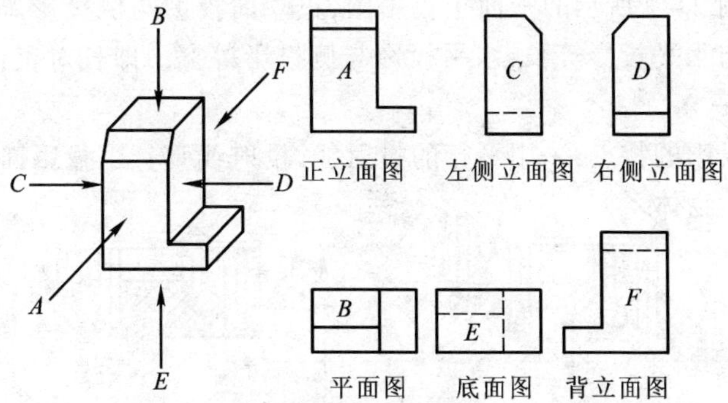

图 2-3　直接正投影法

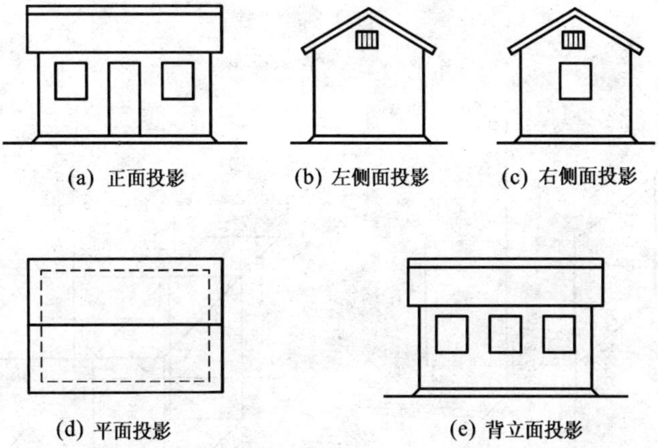

图 2-4　房屋在五个面的投影

(2) 线:一个线段在空间的投影,当投影面平行于线段时,它的投影为线段,当投影面垂直于线段时的投影为一点,如图 2-6 所示。

(3) 平面:一个几何平面在投影面的投影,当该平面平行于投影面时为平面,垂直于投影面时为线段,如图 2-7 所示。

物体在空间各个面的投影是比较复杂的,离不开点、线、面的投影原则,房屋在各个投影面上的投影都是由点、线、面的投影组成的。

4. 三面正投影图的三等关系

如图 2－2 所示的三面正投影图，正立面投影与侧投影等高，正立面投影与水平投影等长，水平投影与侧投影等宽。即长对正，高平齐，宽相等。

正投影的特点：采用平行的投射线，投射线垂直于投影面，投射线可以透过物体。

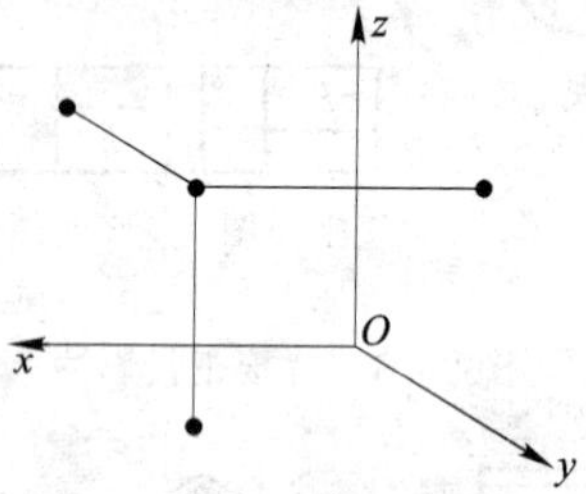

图 2－5　点的投影

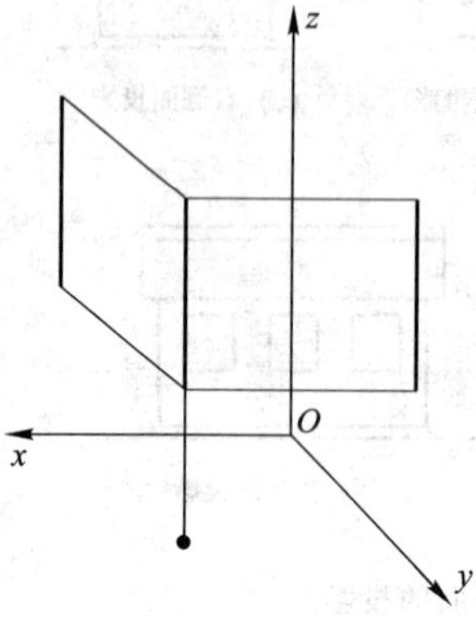

图 2－6　线的投影

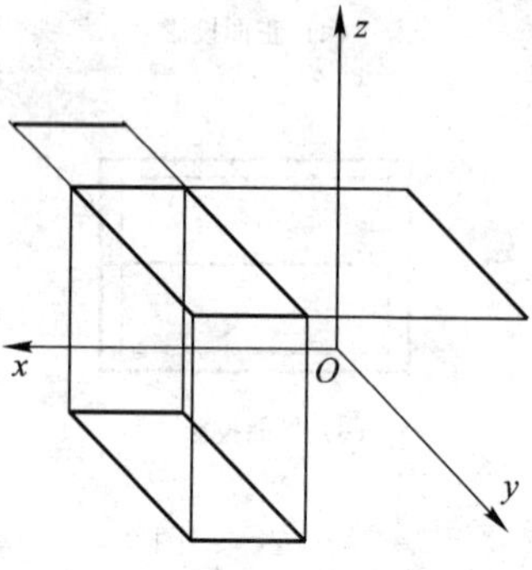

图 2－7　面的投影

二、建筑工程施工图的组成

一套完整的建筑施工图有：总平面图、建筑施工图、结构施工图、水暖电通施工图、设备安装施工图。各专业图纸又分为基本图纸和详图两部分。

三、识图的方法与步骤

1. 看图的方法

看图的方法一般是："由外向里看，由大到小看，由粗到细看，图样与说明互相看，建施与结施对着看。"这样看就能收到较好的效果，但是图面上的各种线条纵横交错，各种图例、符号密密麻麻，初学看图的人，往往要花费较长的时间，才能把图看懂。因此，在准确掌握看图方法的条件下，要耐心、细心，弄懂图例、符号、线条等含义，然后再去学习看图。再有是先从简单的施工图着手，然后逐步过渡到看较复杂的施工图。

2. 一般看图步骤

(1) 图纸拿来之后，应先把图纸目录看一遍，了解是什么建筑，工业还是民用，建筑面积有多大，建筑单位是哪个，设计单位是哪个，图纸总共有多少张等。这样就对这份图纸的建筑类型有了初步的了解。

(2) 按照图纸目录检查各类图纸是否齐全，图纸编号与图名是否符合，标准图是哪一类的，何处设计的，要将其查全并准备在手边，以便看图时查看。图纸齐全了就可以顺序看图。

(3) 先看设计总说明，了解建筑概况、技术要求等等，然后阅图。一般按目录往下看，先看总平面图，了解建筑物的地理位置、高程、朝向及有关建筑的概况。作为一个施工技术人员，在看了总平面图之后，还得进一步考虑施工时的平面布置。

(4) 看完总平面图之后，先看建筑平面图，了解房屋的长度、宽度、轴线尺寸、开间大小、一般布局等，再看立面图和剖面图，从而达到对这幢建筑物有一个总体的了解，最好通过看这三种图，能在脑子中形成这栋房屋的立体形象，能想像出它的规模和轮廓。

(5) 在对建筑施工图有了总体了解之后，就可以从基础施工图开始一步步地深入看图了。从基础的类型、挖土的深度、基础尺寸、构造、轴线位置等开始仔细地阅读，按基础→结构→建筑(包括详图)这个施工顺序看图，遇到问题还要记下来，以便在继续看图中得到解决，或到设计交底时提出。

(6) 在看完全部图纸之后，可按不同工种的施工部分，再仔细阅读图纸，如砌砖工序要了解墙多厚、多高，门、窗口多大，清水墙还是混水墙，窗口有没有出檐，用什么过梁等等；木工工序则关心哪儿要支模板；如现浇钢筋混凝土梁、柱，就要了解梁、柱断面尺寸、标高、长度、高度等等。除结构之外，木工工序还要了解门窗的编号、数量、类型和建筑上有关的木装修图纸。钢筋工序则凡是有钢筋的地方都要细看过，才能配料和绑扎。其他工序都可以从图纸中看到施工需要的部分。除了会看图之外，有经验的人还要考虑按图纸的技术要求，如何保证各工序的衔接以及工程质量和安全作业等。

(7) 随着生产实践经验的增长和看图知识的积累，在看图中还应该对照建筑施工图与结构施工图看看有无矛盾，构造上能否施工，支模时标高与砖缝能不能对口(俗称能不能交圈)等等。

通过看图纸，详细了解要施工的建筑物，在必要时边看边做笔记，记下关键的内容，以备查看。这些关键的部分是轴线尺寸，层高，楼高，主要梁、柱的截面尺寸、长度、高度，混凝土、砂浆的强度等级等等。当然，在施工中不可能一次看图就将建筑物的全部记住，还要结合每个工序再仔细看与施工有关的部分图纸。总之，能做到按图施工无差错，才算把图纸看懂了。

在看图时如能把一张平面上的图形看成一栋带有立体感的建筑形象，就具有了一定的看图水平。这需要经验，也需要具有一定的空间概念和想象力。当然这不是一朝一夕能具备的，而是要通过积累、实践、总结才能取得。

第二节　建筑构造

民用建筑一般由以下部分组成：

(1) 地基与基础　承受建筑物的全部荷载，并与土层直接接触的部分叫基础，它属于建筑物的一部分；支承基础的部分叫地基。

(2) 墙和柱　房屋的竖向承重构件和围护构件。

(3) 楼板　房屋的水平承重和水平分隔构件。

(4) 楼梯　上下楼层的通道，是房屋的垂直交通构件。

(5) 屋盖　房屋顶部的承重和围护构件，可以防止日晒雨淋。

(6) 门窗　供人们进出的为门，是水平交通构件；供人们眺望、通风和采光的为窗。另外，门窗还有立面装饰效果。

(7) 其他还有阳台、雨篷、台阶和散水等。

民用建筑物的组成如图 2－8 所示。

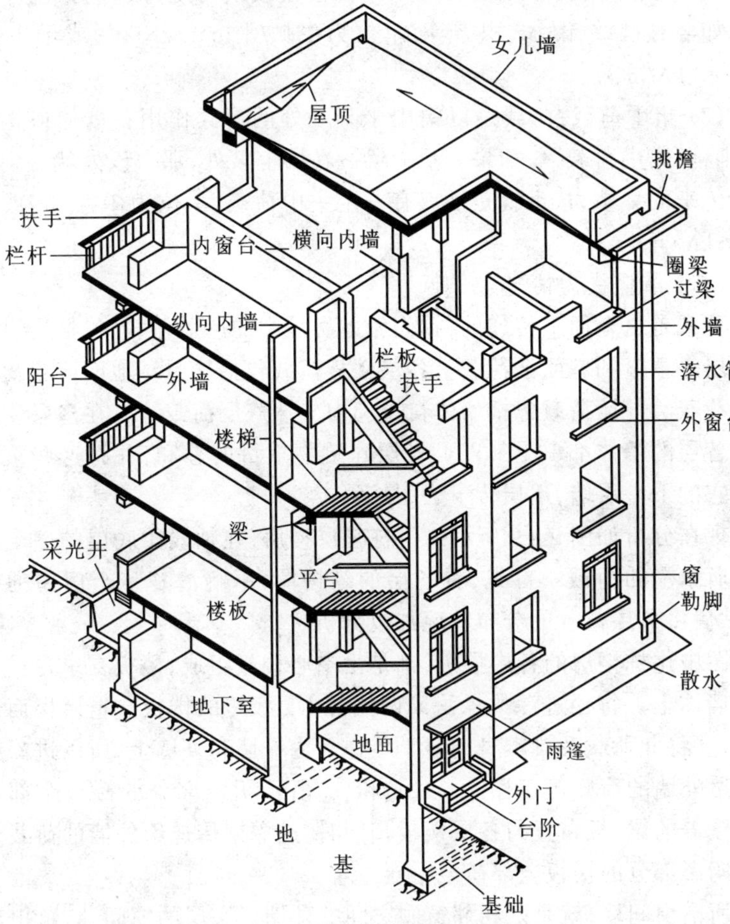

图 2－8　民用建筑的组成

第三节 力学与结构

一、各种砖石结构与受力情况

（一）均布荷载与集中荷载

（1）均布荷载：荷载是均匀分布在楼板或墙身上，故称为“均布荷载”，如墙身自重、雨水、积雪等，单位为牛顿/平方米（N/m^2）或千牛顿/平方米（kN/m^2）。

（2）集中荷载：荷载是以集中于某一处的形式作用在墙体或楼板上，则称“集中荷载”。如果一根大梁搁在墙上某处，那么该处就受到这个梁传来的集中力，也就是该点有一个集中荷载，单位为牛顿（N）或千牛顿（kN）。

（二）墙体受力情况

荷载是自上而下传递的，首先考虑房屋中的屋盖荷载，包括梁、板、防水层等重量和屋面活荷载。各层楼板荷载包括梁、板、地面荷载及楼面活荷载。外墙荷载包括墙体自重和内外抹灰层荷载等。在多层建筑物中各层的墙体都承受其以上各层建筑物重量的总和，并将这些重量传给它的下一层墙，逐层传下去，最后传给基础。

现在分析如图 2－9 所示的一栋三层楼房，在轴线④底层的一个窗间墙所承受的荷载。首先，看各层的结构图，了解清楚整个房屋的构造，然后将各层荷载的分布情况加以分析。

图中这栋楼房的各层楼板，都是由空心楼板组成，楼板支承在进深梁或墙体上。每根进深梁承受梁两侧各 1/2 板跨的楼板自重及楼面活荷载，并将此荷载及梁本身的自重传递到内纵墙和外墙上，所以进深梁传递给外墙的荷载等于图 2－9（a）和（c）所示阴影部分的楼板全部荷载。屋盖的梁、板布置与各层楼板相同时，进深梁传递给外墙的荷载也等于阴影部分的楼板全部荷载。

所谓窗间墙，就是两相邻窗洞之间的外墙。底层的窗间墙，负担其二、三层相邻两个窗洞中轴线范围内的外墙重量。

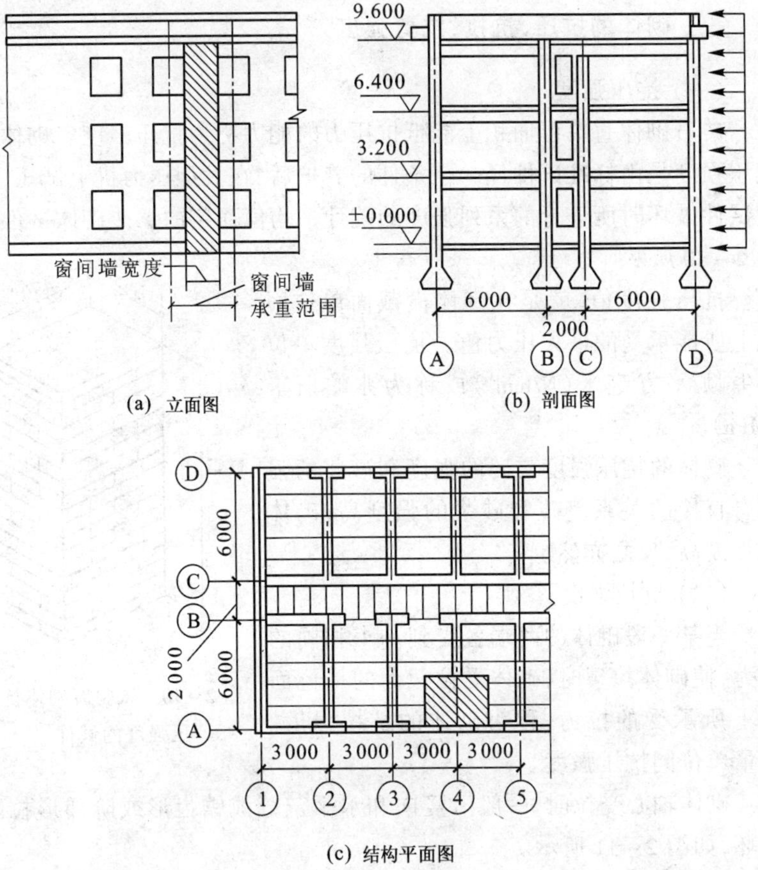

(a) 立面图　(b) 剖面图　(c) 结构平面图

图 2-9　房屋结构荷载图

根据以上分析，底层轴线④上的窗间墙承受的荷载，即为屋盖与二、三层楼板阴影部分的荷载叠加，再加上二、三层阴影部分外墙荷载及 3 m 范围内女儿墙、挑檐荷载的总和。

通过以上分析，可以看出多层砖石结构房屋，愈靠近底层的墙体承受的荷载愈大，所以设计人员在设计墙体时，要把楼房下部几层的墙体比上部的墙体设计得厚一些，同时砂浆的强度等级也设计得高一些。

二、砌体的抗压、抗拉、抗剪强度

（一）抗压强度

砖石砌体每单位面积上能抵抗压力的能力称为抗压强度。砌体的抗压强度是由标准试件经一定条件的养护后，在大型压力机上试压，通过试件破坏时所进行的系列强度的统计平均值而定的。砖砌体试件如图 2－10 所示。

抗压强度值，就是在砌体横截面单位面积上所能承受的最大压力值。抗压强度单位为牛顿/平方毫米（N/mm^2）或称为兆帕斯卡（MPa）。

砌体的抗压强度与砖的强度和砂浆的强度有直接的关系。砖和砂浆的强度高，砌体的强度高，反之亦然。

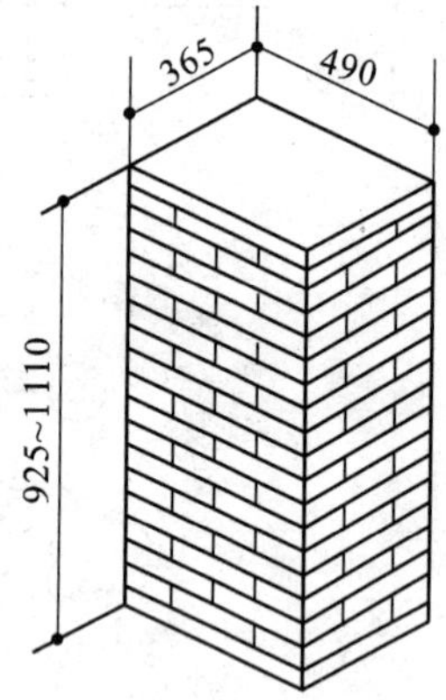

图 2－10　试验砖砌体抗压强度的试件

（二）抗拉强度

当某一段砌体的两端各受到一个相同的拉力，使砌体拉裂时，砌体受拉截面的单位面积上所承受的拉力，称为砌体的抗拉强度。计量单位同抗压强度。

砌体轴心受拉时，一般沿竖向和水平灰缝成锯齿形或阶梯形拉断破坏，如图 2－11 所示。

图 2－11　砌体轴心受拉沿齿缝破坏情况

这种形式的破坏，是由于砖与砂浆之间粘结强度及砂浆层本身的强度不足所造成，称为砌体沿齿缝截面破坏。

另一种轴心受拉破坏是沿竖向灰缝和砖块本身一起断裂，这种破坏的主要原因是由于砖的抗拉强度较弱。如图 2－12 所示。

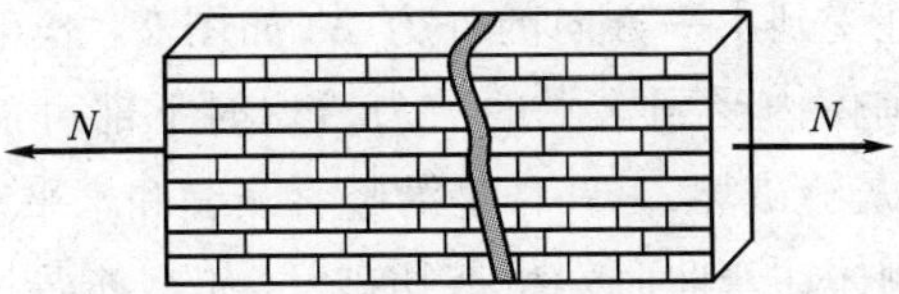

图 2-12　砌体轴心受拉沿砖石截面破坏情况

(三) 弯曲抗拉强度

如图 2-13(a)所示一段受弯的墙体,在墙体的一侧断面内产生拉应力,另一侧断面内产生压应力。产生拉应力的这部分墙体所能承受的最大拉应力,称为砌体的弯曲抗拉强度。砖砌体的受弯破坏情况如图 2-13所示。

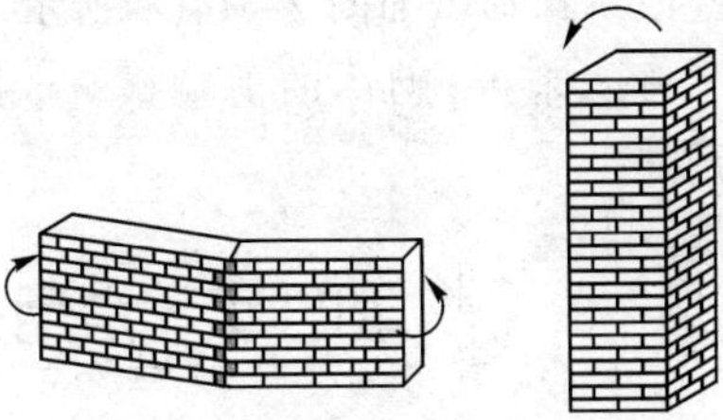

(a) 沿齿缝拉裂破坏　　(b) 沿通缝拉裂破坏

图 2-13　受弯砌体的破坏情况

(四) 抗剪强度

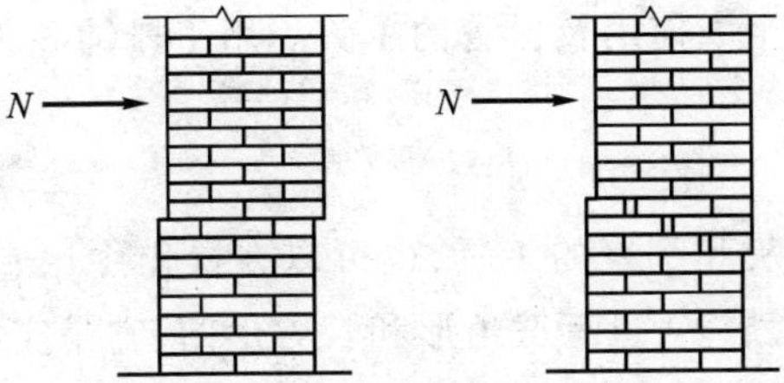

(a) 沿通缝截面受剪破坏　　(b) 沿阶梯截面受剪破坏

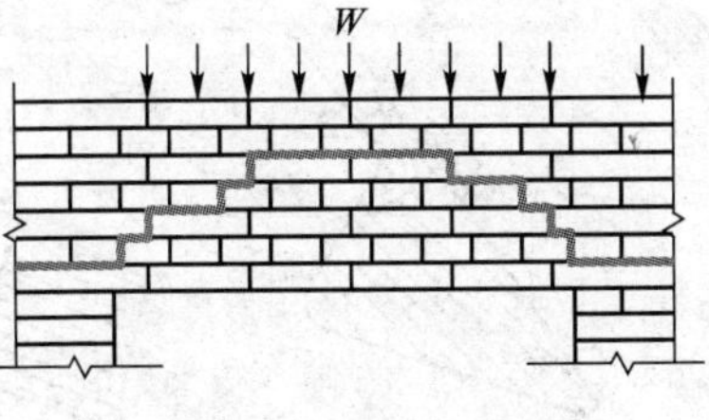

(c) 门窗砖过梁沿阶梯形受剪破坏

图 2-14　墙体受剪破坏

如一个砖柱受到水平方向的外力 N,如图 2－14(a)、(b)所示,在受力点以下的砌体内受到水平的剪力。这时下部可能有两种破坏形式:一是沿水平灰缝破坏,另一种是沿竖直灰缝和水平灰缝成阶梯形破坏。还有一种砌体在弯曲时发生剪切破坏,如钢筋砖过梁由于上部荷载的作用,在过梁的两端产生竖向剪力,这个剪力由砖砌体来承担,当荷载过大或砌体强度不足时则会造成过梁受剪破坏,它的破坏,一般沿灰缝成阶梯形。如图 2－14(c)所示。

总的来说,砌体的剪切破坏,主要与砂浆强度和饱满度有直接关系。

第四节　常用砌筑工具、设备

一、常用工具的种类和名称

1. 瓦刀

又叫砖刀,是个人使用及保管的工具。用于摊铺砂浆、砍削砖块、打灰条。

2. 大铲

用于铲灰、铺灰和刮浆的工具,也可以在操作中用它随时调和砂浆。大铲以桃形者居多,也有三角形和长方形的,它是实施“三一”(一铲灰、一块砖、一揉挤)砌筑法的关键工具,如图 2－15 所示。

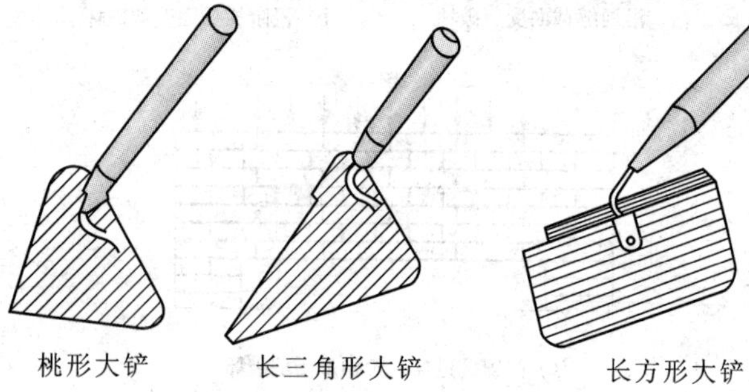

图 2－15　大铲

3. 刨锛

用以砍砖块的工具，也可以做小锤与大铲配合使用。

4. 摊灰尺

用不易变形的木材制成。操作时放在墙上作为控制灰缝及铺砂浆用，如图 2－16 所示。

5. 溜子

又叫灰匙、勾缝刀，一般以 φ 8 钢筋打扁制成并装上木柄，通常用于清水墙的勾缝。用 0.5～1 mm 厚的薄钢板制成的较宽的溜子，则用于毛石墙的勾缝，如图 2－17 所示。

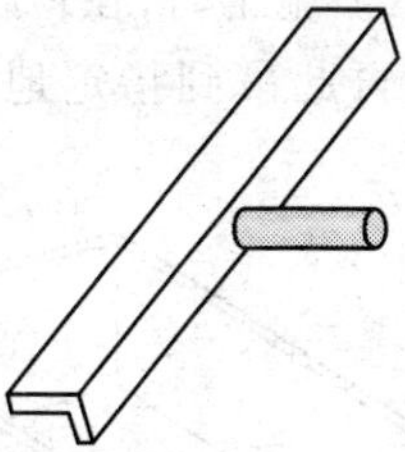

图 2－16　摊灰尺

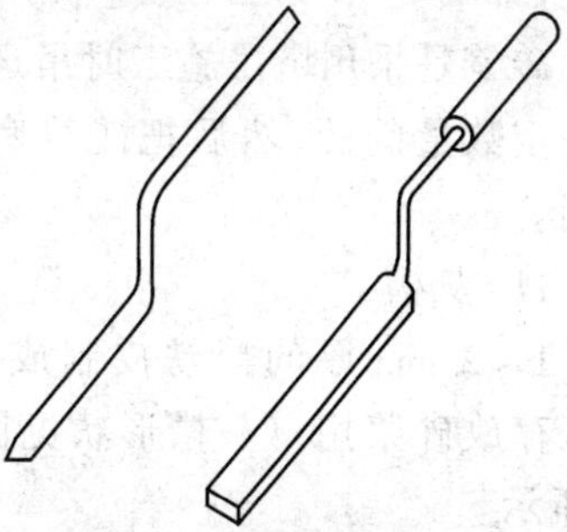

图 2－17　溜子

6. 灰板

又叫托灰板，用不易变形的木材制成。在勾缝时，用它承托砂浆。

7. 抿子

用 0.8～1 mm 厚的钢板制成，并铆上执手，安装木柄成为工具。可用于石墙的抹缝和勾缝，如图 2－18 所示。

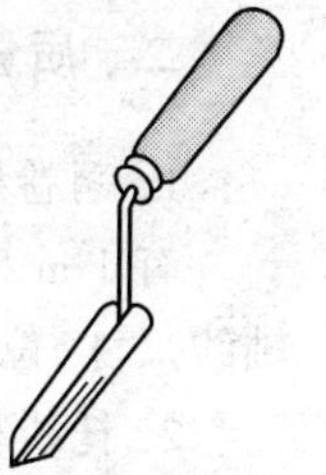

图 2－18　抿子

8. 筛子

主要用于筛砂，筛孔直径有 4 mm、6 mm、8 mm 等数种。勾缝需用细砂时，可利用铁窗纱钉在小木框上制成小筛子。

9. 砖夹

施工单位自制的夹砖工具。可用 φ 16 钢筋锻造，一次可以夹起 4 块标准砖，用于装卸砖块。砖夹形状见图 2－19 所示。

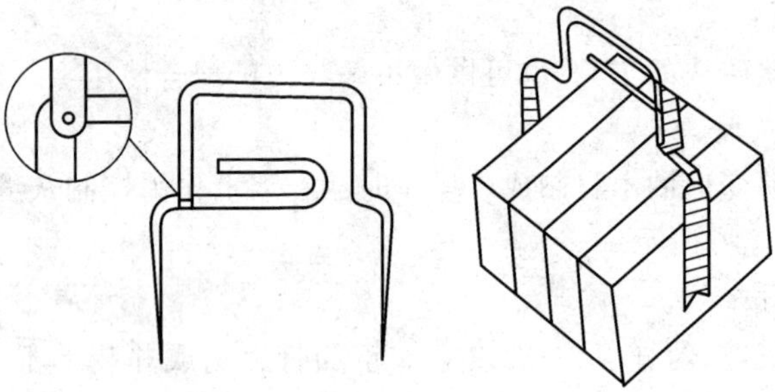

图 2－19　砖夹

10. 砖笼

砖笼是采用塔吊施工时吊运砖块的工具。施工时，在地板上先码好一定数量的砖，然后把砖笼套上并固定，再起吊到指定地点，周转使用。

11. 灰槽

1～2 mm 厚的黑铁皮制成，供砖瓦工存放砂浆用。灰槽形状见图 2－20 所示。

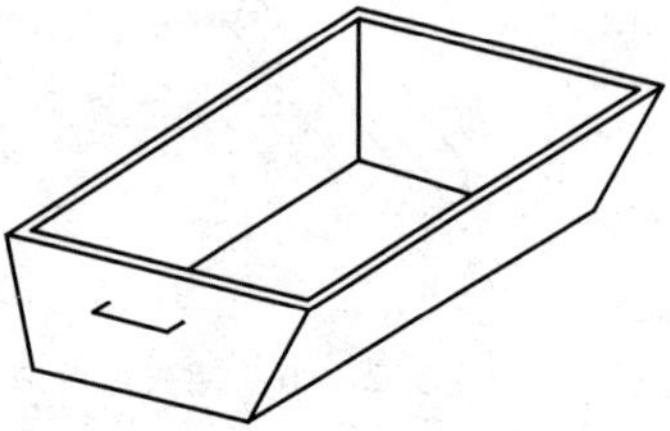

图 2－20　灰槽

12. 其他

如橡皮水管(内径 25)、大水桶、灰镐、灰勺、钢丝刷及笤帚等。

二、质量检测工具

1. 钢卷尺

有 1 m、2 m、3 m 及 30 m、50 m 等几种规格。钢卷尺主要用来量测轴线尺寸、位置及墙长、墙厚，还有门窗洞口的尺寸、留洞位置尺寸等。

2. 托线板

又称靠尺板，用于检查墙面垂直度和平整度。有施工单位用木材自制，长 1.2～1.5 m；也有铝制商品，如图 2－21 所示。

3. 线锤

吊挂垂直度用，主要与托线板配合使用，见图 2－21 所示。

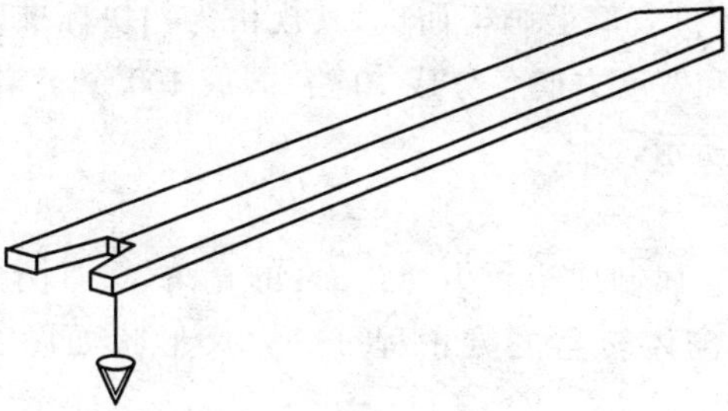

图 2-21　托线板及线锤

4. 塞尺

塞尺与托线板配合使用以测定墙、柱的垂直度、平整度的偏差。塞尺上每一格表示厚度方向 1 mm,如图 2-22(a)所示。当墙面与托线板之间产生一定缝隙时,用塞尺轻轻塞进缝隙,塞进的格数就表示墙面或柱面偏差的数值。

5. 水平尺

以铁和铝合金制成,中间镶嵌玻璃水准管,用来检查砌体对水平位置的偏差,见图 2-22(b)。

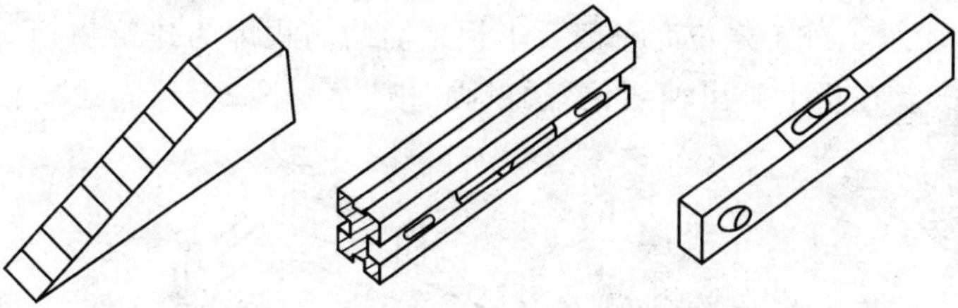

(a) 塞尺　　(b) 水平尺

图 2-22　塞尺和水平尺

6. 准线

准线是砌墙时拉的细线。一般使用直径为 0.5 ~ 1 mm 的小白线、麻线、尼龙线或弦线,用于砌体砌筑时拉水平用,另外也用来检查水平缝的平直度。

7. 百格网

是用于检查砌体水平灰缝砂浆饱满度的工具。可用铁丝编制锡焊而成，也可在有机玻璃上画格而成，其规格为一块标准砖的大面尺寸。沿其长度方向和宽度方向各分成 10 格，画成 100 个小格，故称百格网，如图 2－23(a)所示。

8. 方尺

用木材或金属制成边长为 200 mm 的直角尺，有阴角和阳角两种，分别用于检查砌体转角的方正程度。方尺形状如图 2－23(b)、(c)所示。

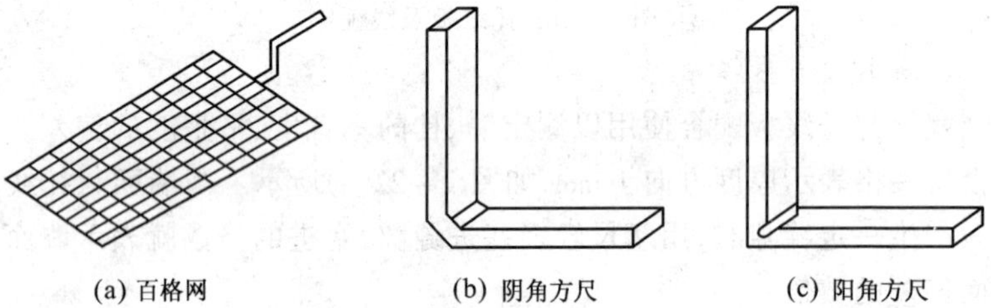

图 2－23　百格网和方尺

9. 龙门板

龙门板是在房屋定位放线后，砌筑时定轴线、中心线的标准，如图 2－24 所示。施工定位时一般要求板顶面的高程即为建筑物相对标高 ±0.000。在板上画出轴线位置，以画“中”字示意，板顶面还要钉一根

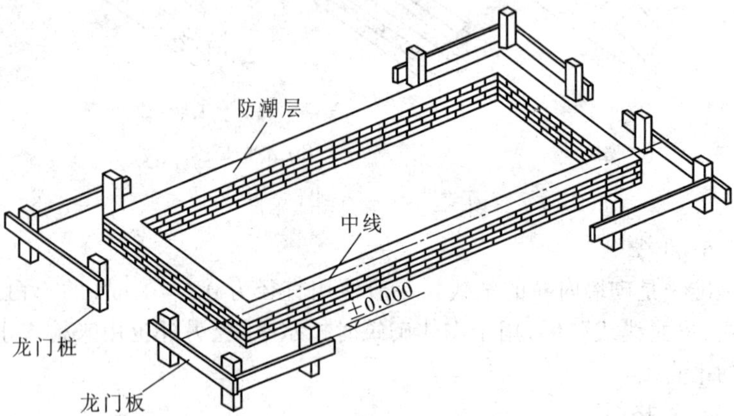

图 2－24　龙门板

20～25 mm 长的钉子。在两个相对的龙门板之间拉上准线,则该线就表示为建筑物的轴线。有的在“中”字的两侧还分别画出墙身宽度位置和大放脚排底宽度位置线,以便于操作检查核对。施工中严禁碰撞和脚踏龙门板,也不允许坐人。建筑物基础施工完毕后,把轴线标高等标志引测到基础墙上后,方可拆除龙门板。

10. 皮数杆

皮数杆是砌筑砌体在高度方向的基准。皮数杆分为基础用和地上用两种。

基础用皮数杆比较简单,一般使用 30 mm × 30 mm 的小木杆,由现场施工员绘制。一般在进行条形基础施工时,先在要立皮数杆的地方预埋一根小木桩,到砌筑基础时,皮数杆顶应高出防潮层的位置,杆上要画出砖皮数、地圈梁、防潮层等的位置并标出高度与厚度。皮数杆上的砖层还要按顺序编号。画到防潮层的底部标高处,砖层必须是整皮数。如果条形基础垫层表面不平,可以在一开始砌砖时就用细石混凝土找平。

±0.000 以上的皮数杆,也称大皮数杆。皮数杆的位置,要根据房屋大小和平面复杂程度而定,一般要求立在墙体的大角、内外墙交接处、楼梯间及洞口多的地方。当为一道通长的墙身时,皮数杆的间距要求不大于 20 m。如果房屋结构比较复杂,皮数杆应该编号,并对号入座。皮数杆画法如图 2－25 所示。

三、常用机械设备

1. 砂浆搅拌机

砂浆搅拌机是砌筑工程中的常用机械,用来制备砌筑和抹灰用的砂浆。目前,常用的砂浆搅拌机有倾翻出料式的 HJ－200 型、HJI－200B 型和活门式的 HJ－325 型。

2. 垂直运输设备

(1) 井架:为多层建筑施工常用的垂直运输设备。一般用型钢支设,并配制吊篮(或料斗)、天梁和卷扬机,形成垂直运输系统。

(2) 龙门架:由两根立杆和横梁构成。立杆由型钢组成,配上吊

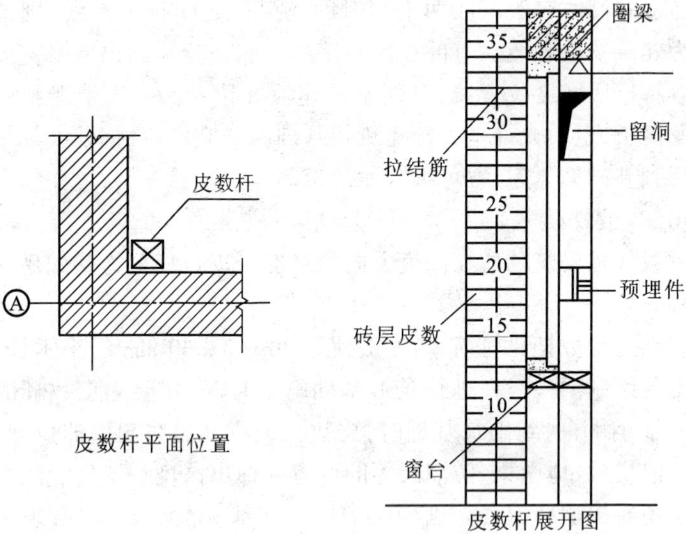

图 2-25 皮数杆

篮,用于材料的垂直运输。

(3) 卷扬机:卷扬机是升降井架和龙门架上吊篮的动力装置。

(4) 附壁式升降机(施工电梯):又叫附墙外用电梯。它是由垂直井架和导轨式外用笼式电梯组成,用于高层建筑的施工。该设备除运载工具和物料外,还可乘人上下,架设安装比较方便,操作简单,使用安全。

(5) 塔式起重机:塔式起重机俗称塔吊,有固定式和行走式两类。

塔吊必须由经过专职培训合格的专业人员操作,并需专门人员指挥塔吊吊装,其他人员不得随意乱动或胡乱指挥。

想 一 想

1. 叙述识读建筑施工图的方法与步骤。
2. 民用建筑物由哪些部分组成?
3. 常用的砌筑工具有哪些?各有什么作用?
4. 什么叫皮数杆?有何作用?

第三章　砖墙砌筑

相关知识：砖墙的组砌形式、砌筑工艺、操作要点及质量要求。

技能要求：1. 能砌筑清水、混水砖墙；

2. 能砌筑窗台、门窗洞间墙、砖过梁、封山、封檐、挑檐、女儿墙、楼层处及构造柱处墙体等。

第一节　砌筑脚手架及其安全使用

砌筑脚手架是砌体砌筑中不可缺少的临时设施，是在施工现场为安全防护、工人操作以及解决楼层间少量垂直和水平运输材料问题而搭设的支架。其搭设和拆除应由取得特种作业资格证的专业架子工负责完成。

一、砌筑脚手架的作用和具体要求

（一）砌筑脚手架的作用

主要作用是供人在架上进行砌筑施工操作、堆放材料和短距离运送材料。

（二）砌筑脚手架的基本要求

（1）有足够的面积，能满足工人操作、材料堆放和运输的需要。脚手架的宽度一般为 1.5 ~ 2.0 m。

（2）坚固稳定、安全可靠，能保证施工期间在各种荷载作用和气候条件影响下不变形、不倾斜、不摇晃。脚手架每步架高一般为 1.2 ~ 1.4 m，搭设总高一般要求不超过 30 m。

（3）拆装简单、搬移方便，能多次周转重复使用。

（4）因地制宜、就地取材，尽量节约架子用料。

二、砌筑脚手架的类型和适用范围

(一) 外脚手架

外脚手架是沿建筑物外围从地面开始搭设的一种脚手架。其主要形式有:多立杆式脚手架、门式脚手架等。

1. 多立杆式脚手架

多立杆式脚手架有单排和双排两种,其中单排脚手架立杆离墙 1.2 ~ 1.5 m,双排脚手架里排立杆离墙 0.4 ~ 0.5 m,里、外排立杆的横向间距为 1.5 m。

多立杆式脚手架主要用于外墙的砌筑和装饰,其基本构造如图 3 - 1 所示。

2. 门式脚手架

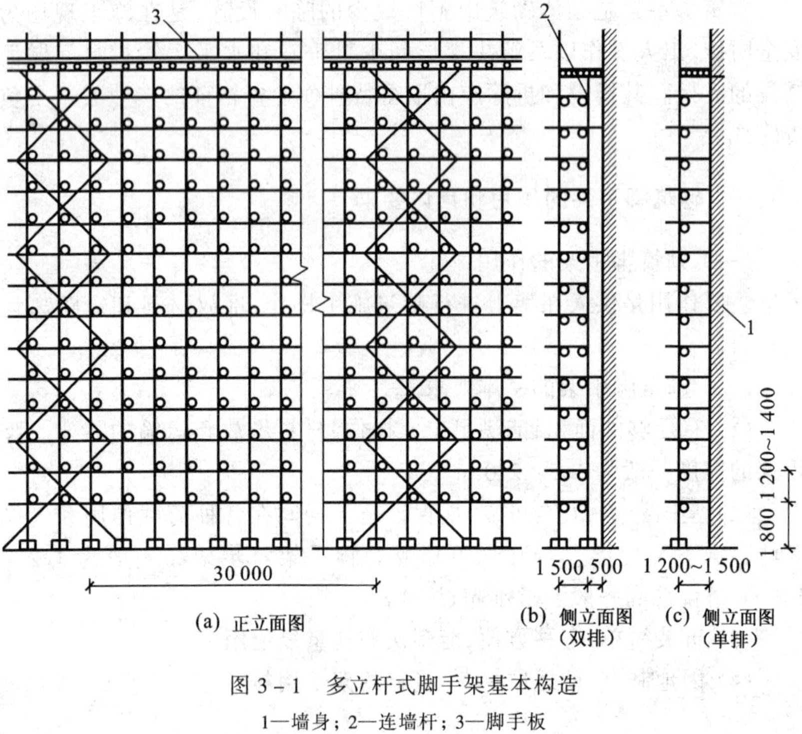

图 3 - 1　多立杆式脚手架基本构造

1—墙身; 2—连墙杆; 3—脚手板

门式脚手架又称多功能门型脚手架，是现代建筑施工的一种安全设备。

门式脚手架是由钢管制成的门架、交叉支撑、水平架、连接棒、底座等门架基本单元组合而成，如图 3－2 所示。

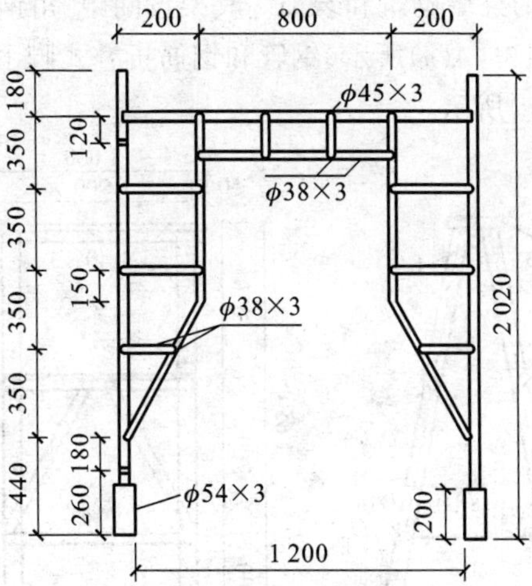

图 3－2　门式脚手架

门式脚手架搭设时，门架垂直于墙面，其纵向间距为 1.8 m，门架与门架间，隔跨分别设内、外交叉支撑及水平架，如图 3－3 所示。

（二）里脚手架

里脚手架是在建筑物内部的地面（或楼面）上搭设的一种脚手架，

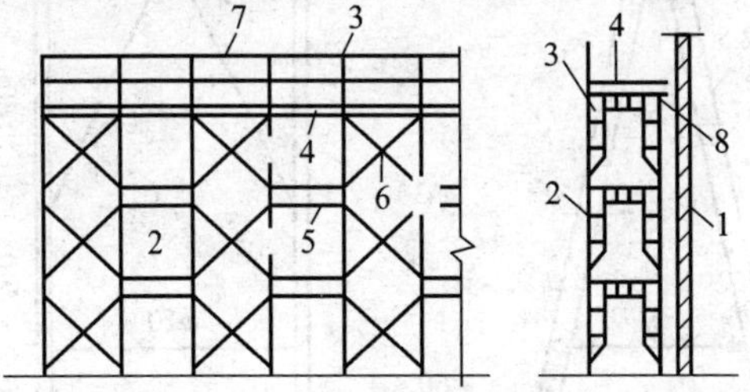

图 3－3　门式脚手架

1—墙；2—框架；3—栏杆立柱；4—脚手板；5—水平撑；
6—剪刀撑；7—横杆；8—三脚架

具有灵活轻便、构造简单、拆装方便的特点。其结构形式主要有折叠式、支柱式、门架式等。

1. 折叠式里脚手架

折叠式里脚手架主要用于民用建筑内墙的砌筑和装饰,也可用于砖围墙、砖平房的外墙砌筑和装饰。其架设间距:角钢折叠式脚手架不超过 2.0 m,如图 3-4(a)所示;钢管和钢筋折叠式脚手架不超过1.8 m,如图 3-4(b)、(c)所示。

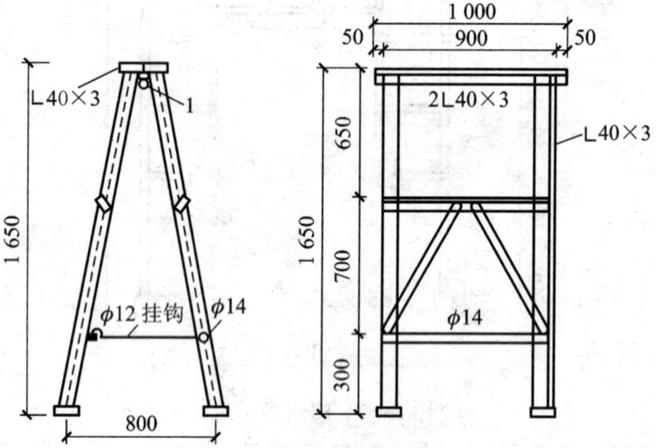

(a) 角钢折叠式里脚手架

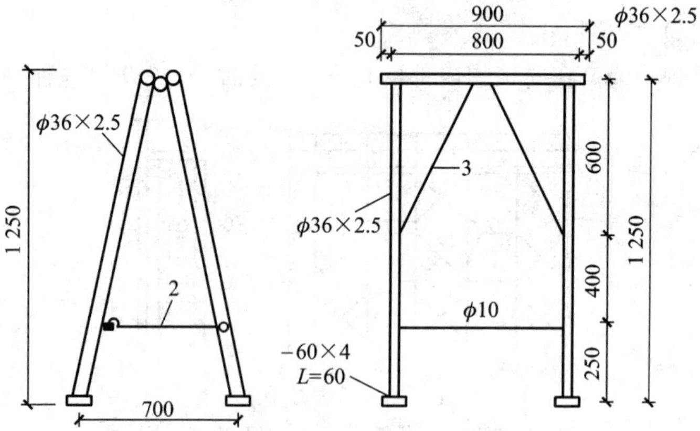

(b) 钢管折叠式里脚手架

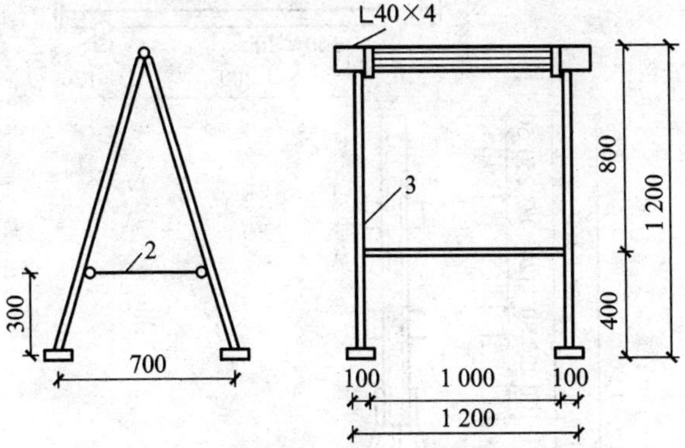

(c) 钢筋折叠式里脚手架

图 3－4　折叠式里脚手架

1—铁铰链；2—ϕ10 活动挂钩；3—ϕ20 支脚

2. 支柱式里脚手架

支柱式里脚手架主要用于砌筑墙和内装饰，其搭设间距不超过 2.0 m，其构造如图 3－5(a)、(b)所示。

3. 门架式里脚手架

门架式里脚手架由 A 型支架和门架组成，主要用于砌墙和装饰。其支架间距不超过 2.2 m，构造如图 3－6 所示。

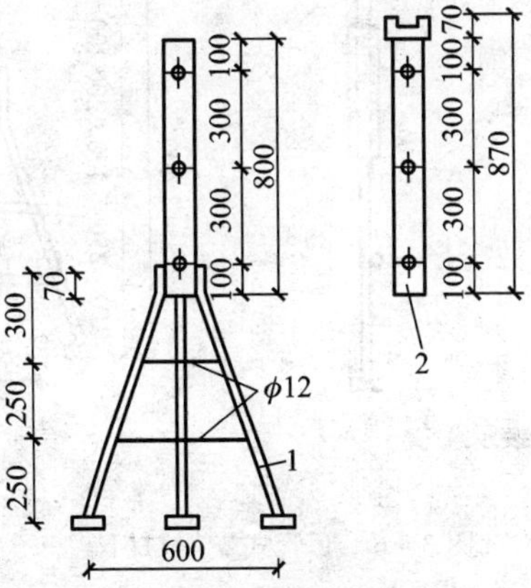

(a) 套管式支柱

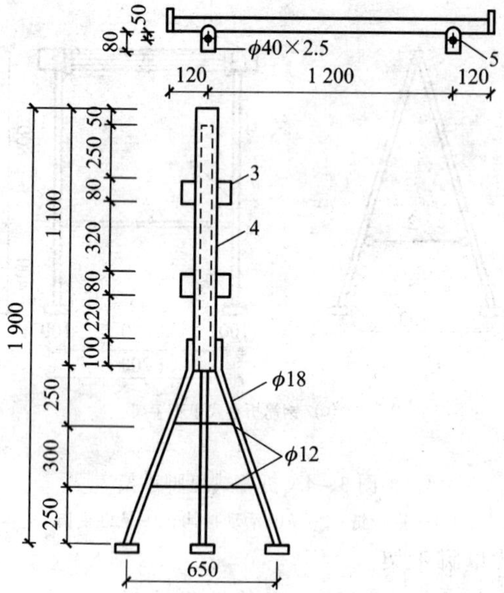

(b) 承插式钢管支柱

图 3-5　支柱式里脚手架

1—φ18 支脚；2—φ42×2.5 插管；3—φ48×3 承插管；4—φ50×3 立管；5—销孔

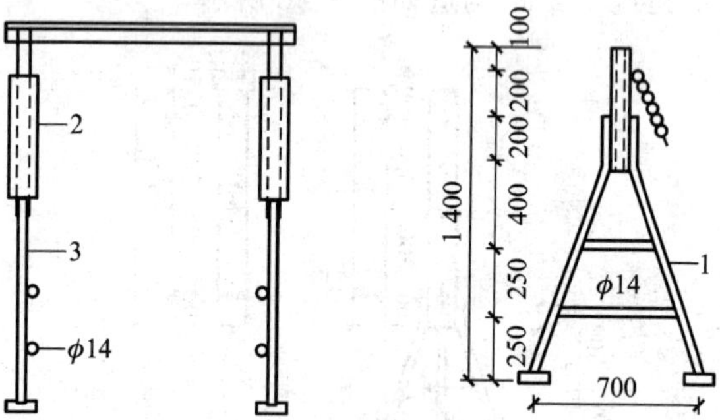

安装示意

图 3-6　套管式支架与门架

1—φ20×2 或 φ25×2 支脚；2—立插管；3—支脚

三、砌筑脚手架的安全使用要求

(1) 在脚手架上工作时,必须戴安全帽,穿软底鞋,不得穿硬底鞋和皮鞋。

(2) 脚手板应满铺并铺稳,不得出现空头板和叠头板。

(3) 在砌筑前,应检查脚手架的垫块、支撑体系是否稳固可靠,脚手架绑扎是否符合要求,对钢管扣件式脚手架要检查扣件是否松动,在雨雪天或大雪后还要检查脚手架是否下沉,若发现问题,及时进行处理。

(4) 冬、雨期施工时,脚手架要有防滑措施(一般钉防滑木板或垫草袋子等),施工前应将积雪和冰渣清扫干净。

(5) 脚手板上堆放材料不得超过 2.7 kN/m^2,堆砖高度不得超过三皮侧砖,同一块脚手板上的操作人员不应超过两人。

(6) 工作完毕后,应将脚手板和砖墙上的碎砖清扫干净,防止掉落伤人。

第二节　砖墙的组砌形式和砌筑方法

一、砌墙的组砌形式

(一) 砖墙的组砌原则

1. 应上下错缝、内外搭接

为保证砌体搭接牢靠和整体受力,要求上下皮砖至少错缝 1/4 砖长(即 60 mm),一般上下顺、丁砖层错开1/4砖长,上下顺、顺砖层错开 1/2 砖长,如图 3－7 所示。

图 3－7　砖砌体的错缝

2. 应控制灰缝厚度

水平灰缝应通过皮数杆及准线控制,厚度为 10 mm;竖缝根据砌砖经验来把握,一般为 10 mm,可在 8～12 mm 范围内调整缝宽。

3. 墙体之间应可靠连接

加强墙体之间的连接,是为了保证墙体与墙体之间的整体性和共同承受水平荷载的能力,提高房屋的抗震性。

相互连接的墙体最好同时砌筑,如果不能同时砌筑,应在先砌的墙上留槎,后砌的墙要镶入槎内。规范规定的留槎形式有斜槎(也称踏步槎,如图 3 – 8(a)所示)和直槎(也称小马牙槎)两种,若留直槎,还必须在墙内设置拉结筋,如图 3 – 8(b)所示。

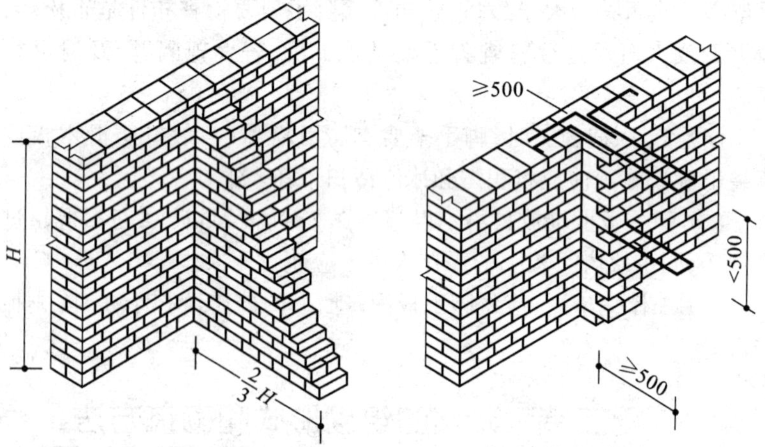

图 3 – 8 砖墙留槎

砖墙接槎时,必须将接槎处的表面清理干净,浇水湿润,并应填实砂浆,保持灰缝平直。

(二) 砖墙的组砌形式

1. 砖墙墙身的组砌

普通砖墙的组砌形式主要有三种,即一顺一丁、三顺一丁和梅花丁。

(1) 一顺一丁:一顺一丁砌法是由一皮全部顺砖与一皮全部丁砖间隔砌成,上下皮竖缝相互错开 1/4 砖长。这种砌法的优点是砌筑效率高,易掌握,易控制墙面平整;缺点是对砖的规格要求较高。其砖墙面的组砌形式有两种:十字缝(顺砖层上下对齐,如图 3 – 9(a)所示)和骑马缝(顺砖层上下错开 1/2 砖长,如图 3 – 9(b)所示)。一顺一丁砌法适用于砌一砖、一砖半及两砖墙。

(a) 十字缝

(b) 骑马缝

图 3-9　一顺一丁

(2) 三顺一丁：三顺一丁砌法是三皮全部顺砖与一皮全部丁砖间隔组砌，上下皮顺砖竖缝错开 1/2 砖长，上下皮顺砖与丁砖竖缝错开1/4 砖长，如图 3-10 所示。这种砌法的优点是砍砖少，砌筑效率高；缺点是顺砖层多易向外挤出，出现"游墙"，且三层通缝，整体性较差。三顶一丁砌法适用于砌一砖、一砖半墙。

(3) 梅花丁：梅花丁砌法是每一皮中丁砖与顺砖间隔组砌，上皮丁砖坐中于下皮顺砖，上下皮砖的竖缝相互错开 1/4 砖长，如图 3-11 所示。这种砌法的优点是竖缝易对齐，易控制墙面平整且灰缝整齐美观；缺点是对砖的规格要求高且砌筑效率较低。适用于砌一砖及一砖半墙，尤其是清水墙。

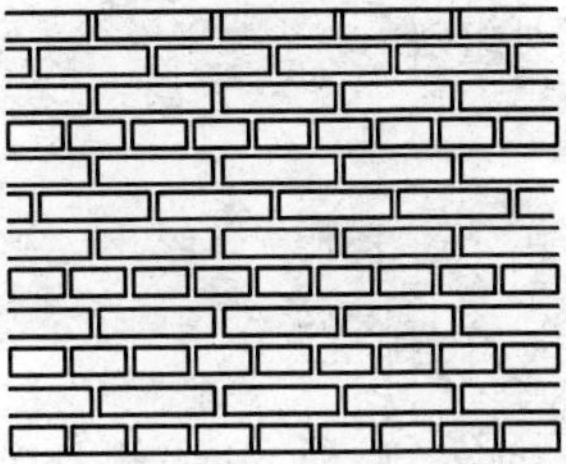
图 3-10　三顺一丁

图 3-11　梅花丁

无论采用何种砌法，在每层墙最下一皮和最上一皮、梁和梁垫下面、墙的窗台水平面上的砖层均应用丁砖层砌筑。

2. 砖墙交接处的组砌

下面以一顺一丁为例，介绍砖墙交接处的组砌方法。

(1) 砖墙转角处 L 形接头：应在砖墙的转角处砌七分头砖(3/4 砖长)，七分头的顺面方向依次砌顺砖，丁面方向依次砌丁砖，如图 3-12

(a)所示。

(2) 砖墙的丁字形接头:在砖墙的丁字形接头处应分皮相互砌通，内角相交处竖缝相互错开 1/4 砖长，并在横墙端头处加砌七分头砖，如图 3 – 12(b)所示。

(3) 砖墙的十字形接头:在砖墙的十字形接头处应分皮相互砌通，交角处的竖缝相互错开 1/4 砖长，如图 3 – 12(c)所示。

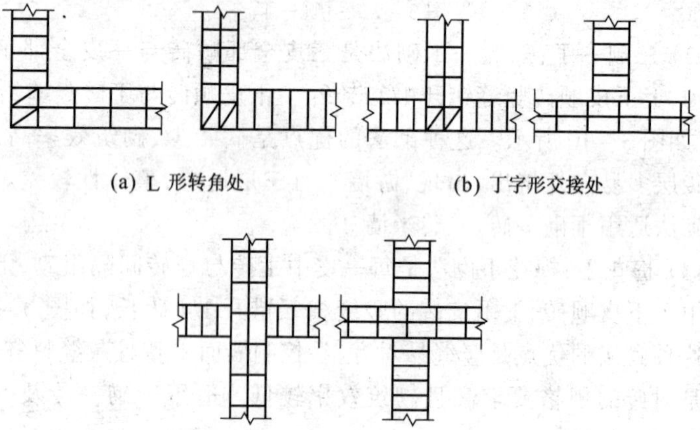

(a) L 形转角处　(b) 丁字形交接处

(c) 十字形交接处

图 3 – 12　砖墙交接处组砌

二、砖墙的砌筑方法

(一) 砌砖基本功

1. 铲(取)灰

(1) 砖刀取灰:操作者右手拿砖刀→向右(灰桶方向)侧身弯腰→将砖刀插入灰桶内侧(靠近操作者一边)→转腕将砖刀口边接触灰桶内壁→顺着内壁将砖刀刮起，如图 3 – 13 所示。

(2) 大铲(或灰瓢)铲灰:操作者右手拿大铲(或灰瓢)→向右(灰桶方向)侧身弯腰→将大铲切入(大铲面略倾斜)灰桶砂浆→向左前或右前顺势舀起砂浆，如图 3 – 14 所示。

2. 铺灰

砌砖速度的快慢和砌筑质量的好坏与铺灰有很大关系，灰铺得好，

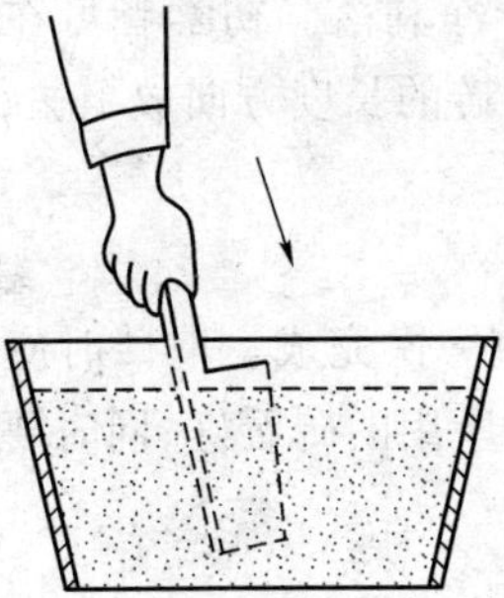

(a) 砖刀插入灰桶

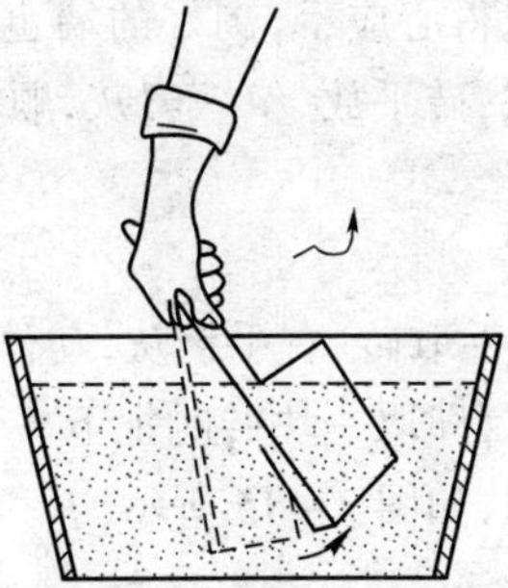

(b) 转腕

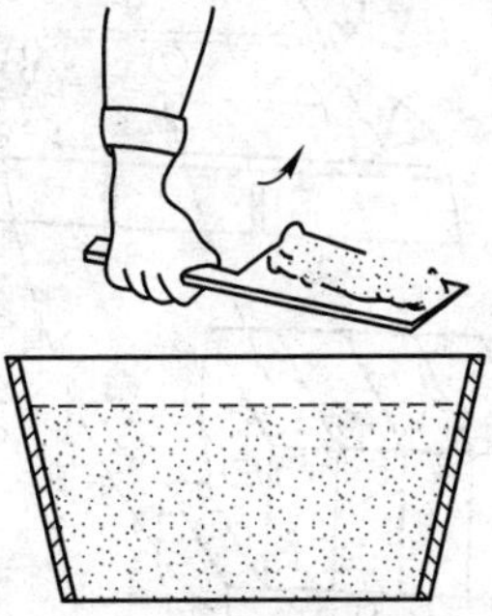

(c) 砖刀刮起灰浆

图 3－13　砖刀取灰

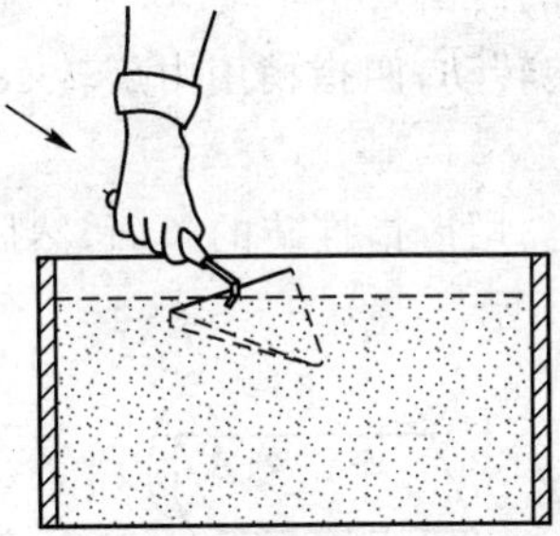

(a) 大铲（或灰瓢）切入灰浆

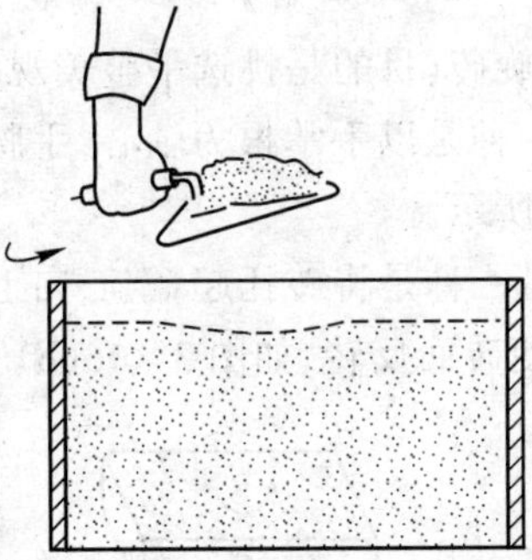

(b) 舀起灰浆

图 3－14　大铲(或灰瓢)铲灰

砌起砖来就得心应手，砌好的墙也干净利落。初学者可在一块砖上单独练习铺灰，砖平放，铲一刀灰，顺着砖的长度方向放上去，然后用挤浆法砌筑。

3. 取砖

(1) 左手取砖、右手铲灰，动作应一次完成。取砖时应做到"砌一、看二、观三"，即取一块砖时把下一步所用的砖看好，同时要观察好第三块所砌的砖，如图 3-15 所示。

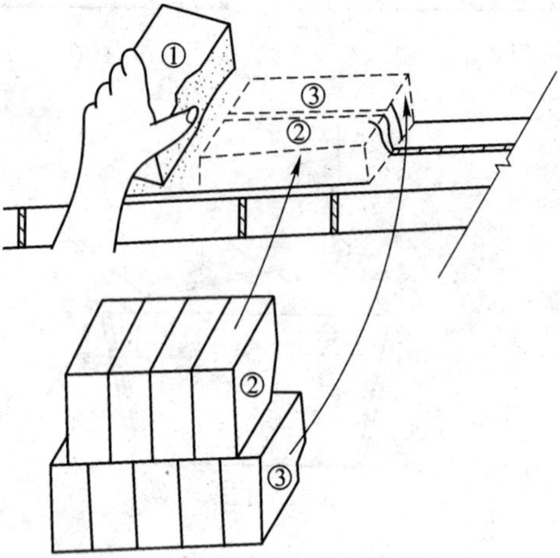

图 3-15 "砌一、看二、观三"取砖

(2) 旋砖(目的是挑选平整美观的砖面)：

① 一种是以手掌根为轴心，手腕转动，四指稍用力旋转 180°，如图 3-16(a)所示。

② 另一种是将砖托起，掌心向上，用拇指推砖的条面，然后四指用力向上，使砖面反转，如图 3-16(b)所示。

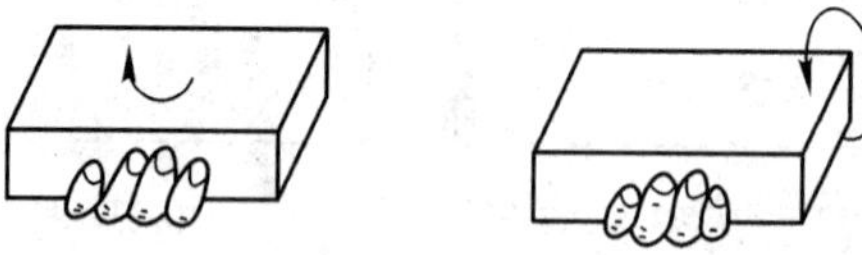

(a) 以掌根为轴心旋砖　　(b) 以拇指推条面反转旋砖

图 3-16 旋砖

4. 摆砖揉挤

(1) 操作:砂浆铺好后→左手拿砖并离已砌好的砖约 30 ~ 40 mm 处,将砖平放并蹭着灰面→把砂浆刮起一点到砖顶头的竖缝里→揉挤砖并按要求把砖摆好→右手用铲或砖刀将挤出墙面的灰刮起来并随手甩到竖缝里,如图 3 – 17 所示。

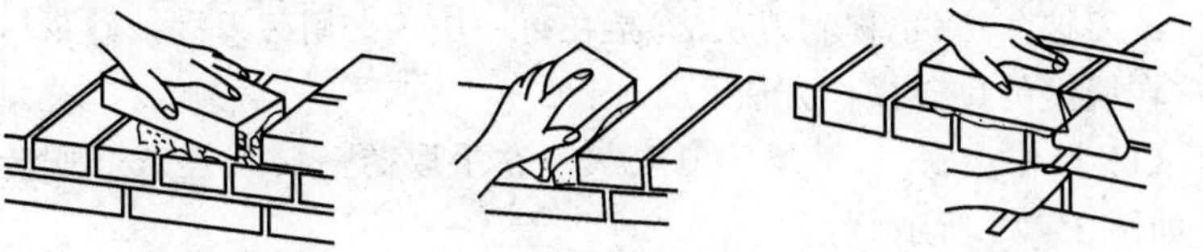

(a) 条砖揉挤　　(b) 丁砖揉挤　　(c) 刮浆

图 3 – 17　摆砖揉挤

(2) 要求:揉砖时要上平线,下跟楞;浆薄轻揉,浆厚重揉;达到横平竖直,错缝搭接,灰浆饱满,厚度均匀。

5. 砍砖

(1) 砍七分头砖:选砖(外观平整、内在质地均匀)→右手持砖(条面向上)→以砖刀或刨锛所刻标记量测砖块→在砖条面划线痕→用砖刀或刨锛砍下二分头,如图 3 – 18 所示。

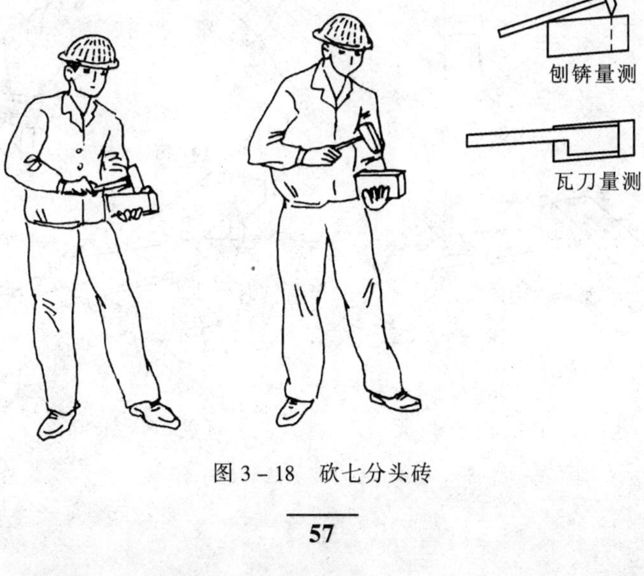

图 3 – 18　砍七分头砖

(2) 砍二寸条砖：选砖(外观平整、内在质地均匀)→两个面划线痕→用砖刀或刨锛在砖的两个丁面上各砍一下→用砖刀口轻轻叩打砖的两个大面并逐渐加力→最后把砖的两个丁面用力砍成二寸条。

(二) 砖墙的砌筑方法

1. 砖刀披灰法

砖刀披灰法(也称满刀灰法)指在每一块砖上用砖刀满披砂浆后轻轻按在墙上的砌砖操作方法。

(1) 操作步骤：右手拿砖刀取灰→左手取砖→砖刀挂灰→摆砖揉压，如图 3－19 所示。

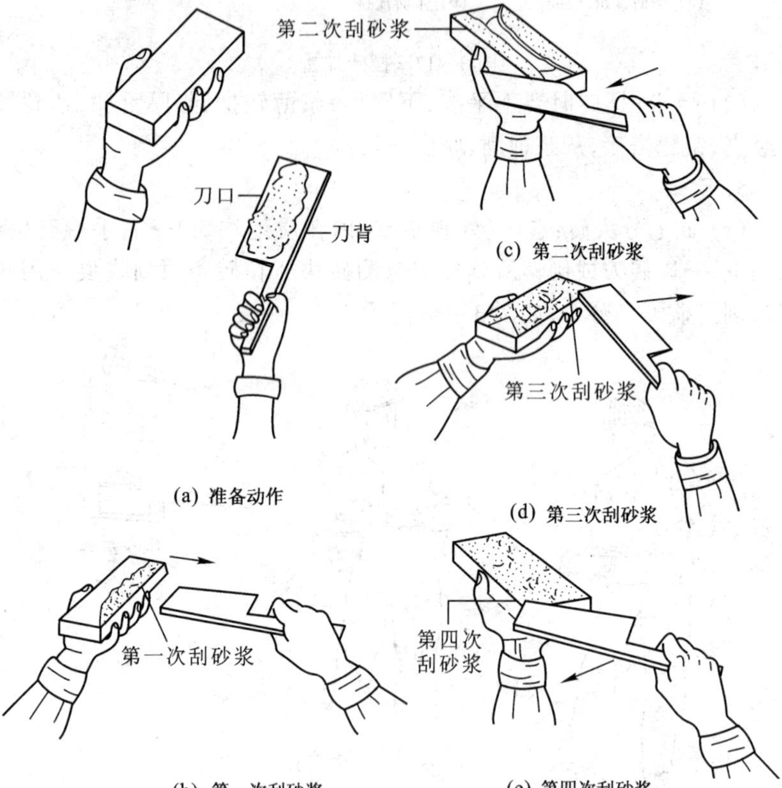

图 3－19　砖刀披灰法砌砖动作

(2) 特点:砂浆刮得均匀,灰缝饱满,但工效太低。

(3) 适用范围及要求:适用于砌空斗墙、拱碹、窗台、炉灶等。要求所用砂浆稠度大、粘性好,砖大面砂浆要刮布均匀中间不留空隙,丁、条面酌情满披砂浆;砖砌到墙上后,刮取挤出的灰浆甩入竖缝内。

2. "三一"砌砖法

"三一"砌砖法指一铲灰、一块砖、一揉挤的砌砖操作方法。

(1) 操作步骤:铲灰取砖→大铲铺灰→摆砖揉挤。

(2) 砌砖动作:铲灰→取砖→转身→铺灰→摆砖揉挤→将余灰甩入竖缝;如图 3-20 所示。

(a) 铲灰取砖　(b) 转身　(c) 铺灰

(d) 摆砖揉挤　(e) 余灰甩入竖缝内

图 3-20 "三一"砌砖法砌砖动作

(3) 砌筑布料:

① 灰斗布置:离大角或窗洞墙 0.6~0.8 m 处开始布灰斗,沿墙间距 1.5 m 左右。

② 砖布置：灰斗之间码放两排砖并要求侧摆整齐。

③ 工作面：材料与墙之间应留 0.5 m 作为操作者的砌砖站位。

(4) 特点：砂浆饱满、粘结好，能保证砌筑质量，但劳动强度大，砌筑效率低。

(5) 适用范围及要求：适用于砌筑各种实心砖墙。要求所用砂浆稠度以 7～9 cm 为宜，铺好的砂浆不要用铲来回扒。

3. “二三八一”砌砖法

“二三八一”砌砖法指把砌筑工砌砖的动作过程归纳为二种步法、三种弯腰姿势、八种铺灰手法、一种挤浆动作的砌砖操作方法。

(1) 操作步骤：

铲灰取砖→大铲铺灰→摆砖揉挤。

(2) 砌砖动作：

铲灰和拿砖→转身铺灰→挤浆和刮余灰→甩出余灰。

(3) 二种步法，即丁字步和并列步：

① 操作者背向砌筑前进方向退步砌筑。开始砌筑时，斜站成步距约 0.8 m 的丁字步，如图 3－21(a)所示。

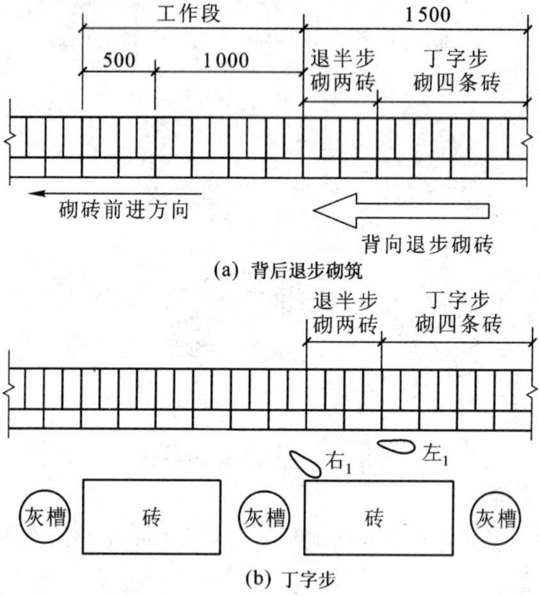

(a) 背后退步砌筑

(b) 丁字步

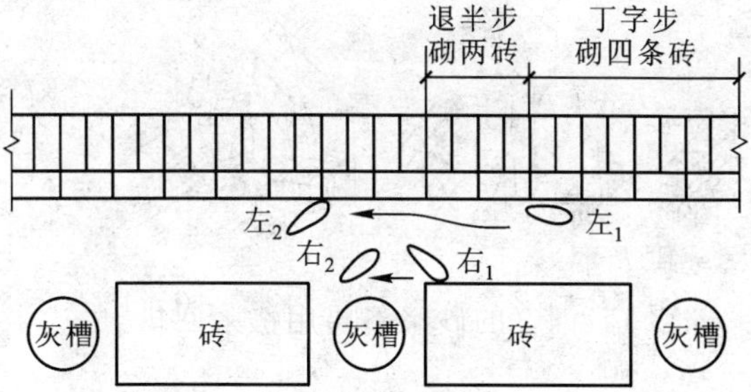

(c) 并列步

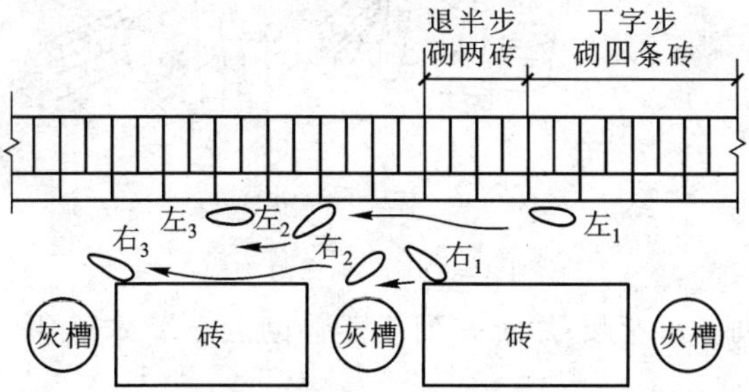

(d) 后撤成丁字步

图 3－21　两种步法

② 左足在前,离大角约 1 m;右足在后,靠近灰槽,右手自然下垂可方便取灰,左足稍转动可方便取砖。如图 3－21(b)所示。

③ 砌完 1 m 长墙体后,左足后撤半步,右足稍移动成并列步,面对墙身再砌 0.5 m 长墙体。在并列步时,两足稍转动可完成取灰和取砖动作,如图 3－21(c)所示。

④ 砌完 1.5 m 长墙体后,左足后撤半步,右足后撤一步,站成丁字步,再继续重复前面的动作,如图 3－21(d)所示。

(4) 三种弯腰姿势:

① 侧身弯腰:用于丁字步姿势铲灰和取砖,如图 3－22(a)所示。

② 丁字步正弯腰:用于丁字步姿势砌离身较远的矮墙,如图 3－22(b)所示。

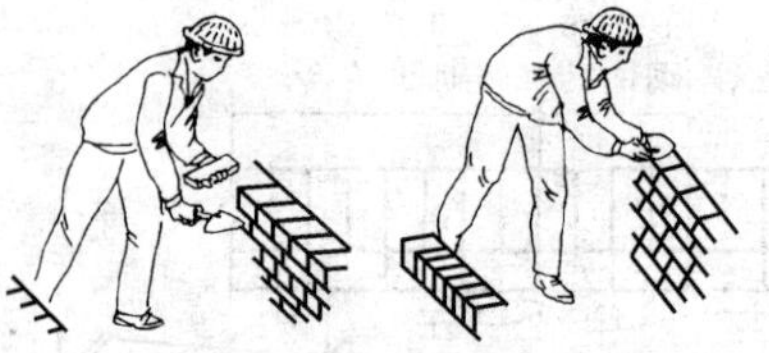

(a) 侧身弯腰

(b) 丁字步正弯腰

(c) 并列步正弯腰

图 3－22　三种弯腰姿势

③ 并列步正弯腰：用于并列步姿势砌近身墙体，如图 3－22(c)所示。

(5) 八种铺灰手法：

① 砌条砖时的铺灰手法：

a. 甩灰，适宜砌离身低而远部位的墙体。

铲取砂浆(呈均匀条状，长 160 mm、宽 40 mm、厚 3 mm)并提升到砌筑位置→铲面转动 90°(手心向上)→用手腕向上扭动配合手臂的上挑力顺砖面中心将灰甩出→砂浆呈条状均匀落下(长 260 mm、宽 80 mm、厚 20 mm)，如图 3－23(a)所示。

b. 扣灰，适宜砌近身高部位的墙体

铲取砂浆(呈均匀条状)并提升到砌筑位置→铲面转动 90°(手心向下)→利用手臂前推力顺砖面中心将灰扣出→砂浆呈条状均匀落下，如图 3－23(b)所示。

c. 泼灰，适宜砌近身及身后部位的墙体。

铲取砂浆(呈扁平状)并提升到砌筑位置→铲面转成斜状(手柄在前)→利用手腕转动成半泼半甩、平行向前推进泼出砂浆→砂浆呈扁平

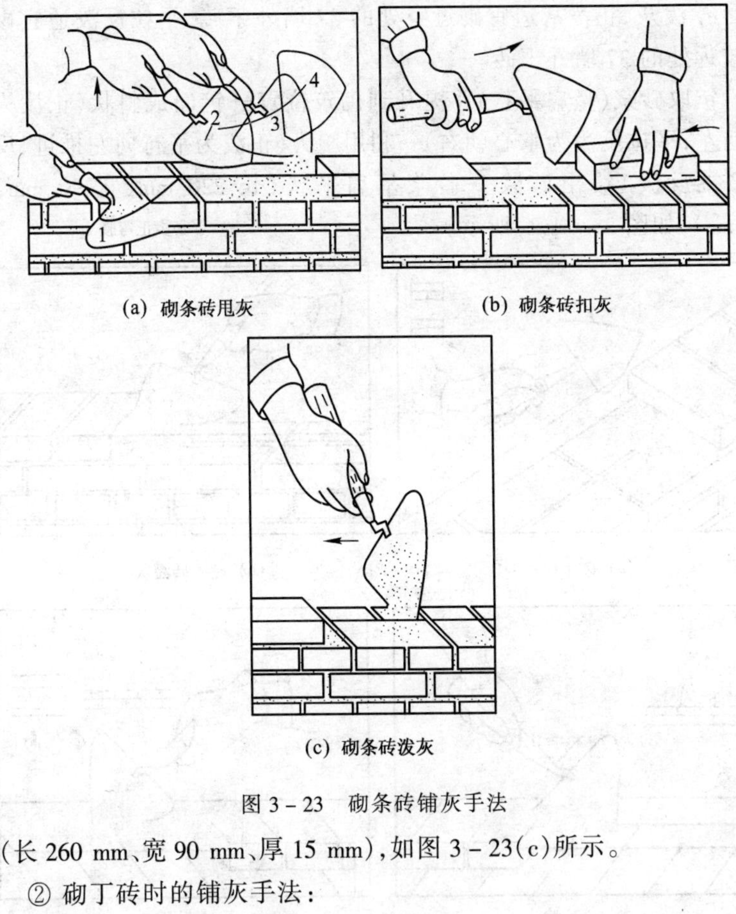

(a) 砌条砖甩灰　　(b) 砌条砖扣灰

(c) 砌条砖泼灰

图 3 – 23　砌条砖铺灰手法

状(长 260 mm、宽 90 mm、厚 15 mm),如图 3 – 23(c)所示。

② 砌丁砖时的铺灰手法:

a. 扣灰,适宜砌 37 墙里丁砖。

铲取砂浆(前部降低)并提升到砌筑位置→铲面成斜状(朝丁砖长方向)→利用手臂推力将灰甩出→扣在砖面上的灰条外部略厚(长 20 mm、宽 90 mm),如图 3 – 24(a)。

b. 溜灰,适宜砌 37 墙里丁砖。

铲取砂浆(前部略厚)并提升到砌筑位置→将手臂伸过准线使大铲边与墙边取平→抽铲落灰→砂浆成扁平状(长 220 mm、宽 90 mm、厚 15 mm),如图 3 – 24(b)所示。

c. 泼灰，正泼灰适宜砌近身处的 37 墙外丁砖，平拉反泼适宜砌离身较远处的 37 墙外丁砖。

铲取砂浆(呈扁平状)并提升到砌筑位置→铲面成斜状(正泼为掌心朝左，平拉反泼为掌心朝右)→利用腕力(正泼为平行向左推进，反泼为平拉反泼)泼出砂浆→砂浆呈扁平状(长 220 mm、宽 90 mm、厚 15 mm)，如图 3-24(c)所示。

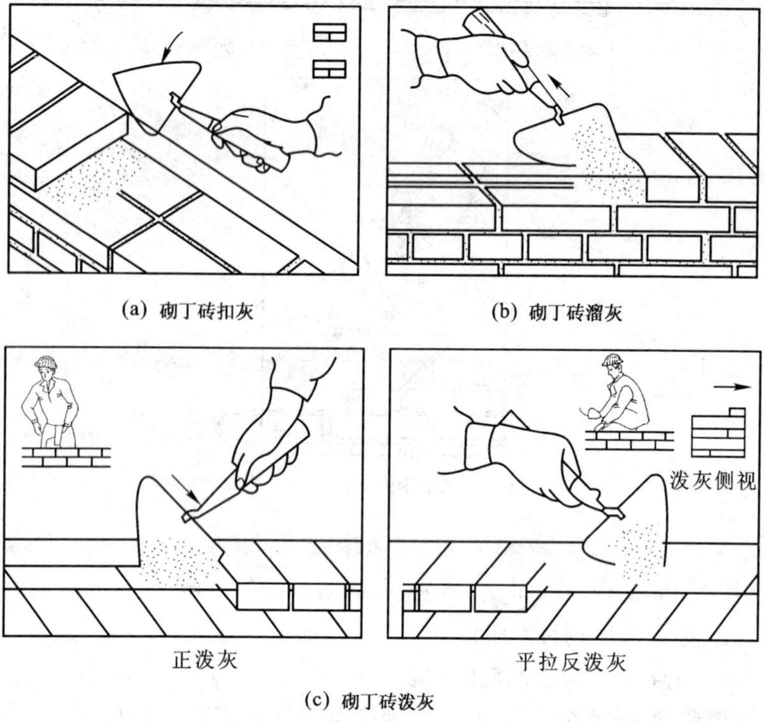

图 3-24　砌丁砖铺灰手法

③ 砌角砖时的溜灰：铲取砂浆(呈扁平状)并提升到砌筑位置→铲尖紧贴砖面、铲柄略抬高→向身后抽铲落灰→砂浆呈扁平状并与墙边取齐，如图 3-25 所示。

④ 一带二铺灰手法：铲取砂浆(呈扁平状)并提升到砌筑位置→铲面转成 90°(手心向下)→将砖丁头伸入落灰处，接打碰头灰→用铲摊平

砂浆(长 220 mm、宽 90 mm、厚 15 mm),如图 3-26 所示。

(6) 一种挤浆动作:挤浆时应将砖落在灰条 2/3 的长度或宽度处,将超过灰缝厚度的那部分砂浆挤入竖缝内。如果铺灰过厚,可用揉搓的办法将过多的砂浆挤出。具体详见砌砖基本功中摆砖揉挤操作内容。

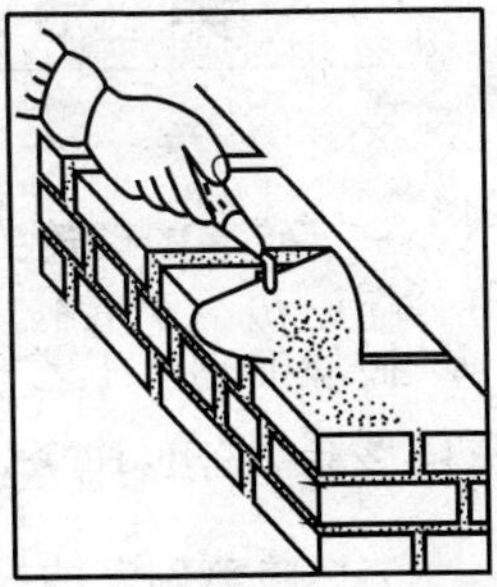

图 3-25 砌角砖时的溜灰铺灰手法

(7) 实施“二三八一”砌砖法的具体要求:

① 工具准备:大铲是铲取灰浆的工具,砌筑时要求大铲铲起的灰浆刚好能切一块砖,再通过各种手法的配合才能达到预期的效果。

② 材料准备:砖必须提前浇水湿润,一般在砌筑前的 1~2 d。吸水合适的砖,可以保持砂浆的稠度,使挤浆顺利进行。砂子一定要过筛,不然在挤浆时会因为有粗颗粒而造成挤浆困难。除了砂浆的配合比和稠度必须符合要求外,砂浆的保水性也很重要,离析的砂浆很难进行挤浆操作。

③ 操作面的布置:同“三一”砌砖法的要求。

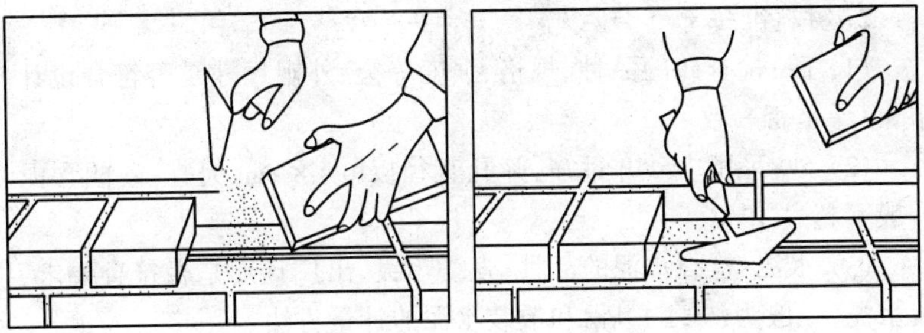

(a) 接打碰头灰　　(b) 摊平砂浆

图 3-26 一带二铺灰手法

第三节　砖墙的砌筑工艺和操作要求

一、砖墙的砌筑工艺

砖墙的砌筑工艺一般有砌筑准备、拌制砌筑砂浆、确定组砌形式、摆砖撂底、盘角、挂线、铺灰砌砖、勾缝、清理墙面等工序。

二、砖墙砌筑的操作要求

（一）砌筑准备

1. 施工准备

(1) 熟悉施工图纸，了解墙体各构件的具体作法和要求。

(2) 在墙的转角处、内外墙交接处、楼梯间及墙面变化较多的部位立好墙身皮数杆。

(3) 检查皮数杆上的 ±0.000 与测定点处的 ±0.000 是否一致，皮数杆第 1 层砖的标高是否在同一水平面上。

(4) 复核基础中心线，弹好墙体中心线，划好开间尺寸、门窗洞口等位置线。

2. 材料准备

(1) 砖：检查砖的品种、规格、强度等级、外观尺寸是否符合设计要求，色泽是否一致。

(2) 砂：采用中砂并过筛，筛孔直径以 6 ~ 8 mm 为宜；砂的含泥量一般不超过 10%。

(3) 水泥：检查水泥的品种、强度等级、出厂日期是否符合要求，袋装水泥(一般为(50 ± 1)kg)和散装水泥的计量方法。

(4) 石灰：将熟化好的石灰浆放在贮灰池内"陈伏"两个星期以上，并保持石灰浆表面有一层水。

(5) 水：使用自来水和洁净的天然水。

(6) 其他材料：了解木砖、拉结筋、预制过梁及壁龛是否进场，木砖是否涂好防腐剂，预制件规格尺寸是否符合要求；了解门窗框的进场数量、规格等。

3. 操作准备

(1) 了解搅拌设备、运输设备、脚手架的安放架设情况和计量器具的情况等。

(2) 检查运输道路是否平整畅通,室内外填土是否完成,地沟盖板是否盖好。

(3) 提前一天对砖进行浇水,但浇水不能过多和过少,一般使砖含水 10% ~ 15% 即可,施工现场可断砖观察,以水浸入砖深度达 1 ~ 1.5 cm 为宜,如图 3 – 27 所示。

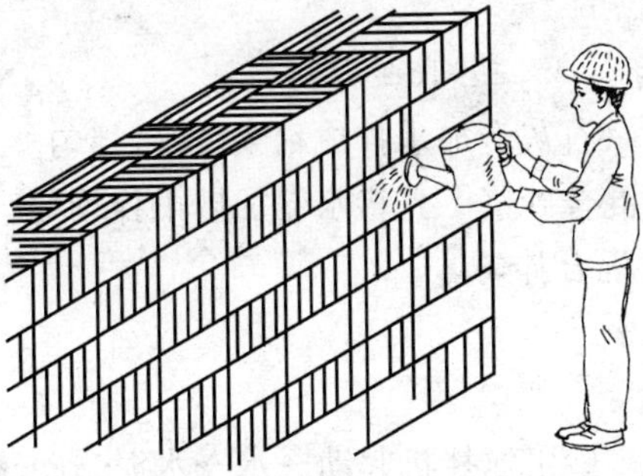

图 3 – 27　砖浇水

(4) 将浇好水的砖与灰槽布置在距离所砌位置 500 mm 为宜,灰槽间距以 1500 mm 为宜,如图 3 – 28 所示。

(二) 拌制砌筑砂浆

砂浆的配合比由施工技术人员提供,拌制时应严格按砂浆配合比指示牌上标志的各种材料用量准确称量配料。其中水泥偏差应控制在 ± 2% 以内,砂子和石灰膏偏差控制在 ± 5% 以内。

1. 人工拌制

(1) 拌制方法:人工拌制砂浆应有专门的和灰槽(或灰盘),严禁在土地上拌和,在灰盘上先将砂子和水泥干拌均匀,然后在中间扒一个“坑”,将水(或石灰膏和水)放进坑中,最后用铁铲将其拌和均匀。

(2) 投料顺序:

① 水泥砂浆　水泥和砂子干拌均匀,加水拌匀。

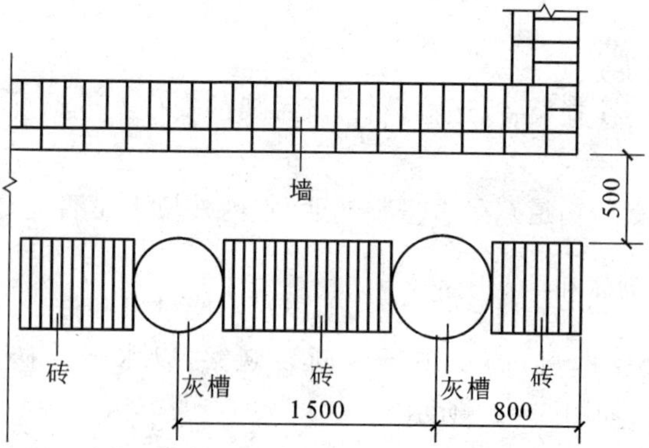

图 3-28　布料

② 石灰砂浆　石灰膏加水拌成稀浆，加砂拌匀。

③ 水泥石灰混合砂浆　先将水泥加砂干拌均匀，石灰膏加水拌成稀浆，然后将二者混合拌匀。

2. 机械搅拌

(1) 投料顺序：

① 水泥砂浆　砂浆搅拌机起动→水→水泥→砂→水。

② 石灰砂浆　砂浆搅拌机起动→水→石灰膏→砂→水。

③ 水泥石灰混合砂浆　砂浆搅拌机起动→水→砂子和石灰膏(搅拌 1 min)→水泥和水拌匀。

(2) 搅拌时间，自投料完算起：

① 水泥砂浆和水泥石灰混合砂浆不得少于 2 min。

② 水泥粉煤灰砂浆和掺外加剂的砂浆不得少于 3 min。

③ 掺有机塑化剂的砂浆应为 3～5 min。

(3) 使用要求：砌筑所用砂浆最好采用机械搅拌，应随拌随用，水泥砂浆和水泥混合砂浆应分别在拌制后的 3 h 和 4 h 内使用完毕；当施工期间最高气温超过 30 ℃时，应分别在拌制后的 2 h 和 3 h 内使用完毕。

(4) 试块制作：

① 抽检数量　同一类型、强度等级的砌筑砂浆，每一砌体检验批

且不超过 250 m^3 砌体施工中，对每台搅拌机应至少进行一次砂浆强度抽检。

② 检验方法　在砂浆搅拌机出料口随机见证取样制作砂浆试块(同盘砂浆只制作一组试块)，最后检查试块强度试验报告单。

(三) 确定组砌形式

为保证砌体和抹灰质量，应采用梅花丁和一顺一丁组砌。

(四) 摆砖撂底

1. 摆砖撂底原则

(1) 挑选方正、平直的砖，按照组砌形式试摆。

(2) 摆砖应从一端开始向另一端有序试摆，不能从两端开始向中间或任意位置试摆。

(3) 摆砖时，应遵循"山丁檐跑"的原则，即山墙为丁砖，檐墙为顺砖。

(4) 门(窗)间墙，要排成符合砖的模数，如不符合，可将门窗洞口左右移位，但移动距离不应大于 60 mm。

(5) 尽量避免一道墙上连续出现两皮砖都是七分头砖，可将其中 1 皮七分头砖排到窗台下的中部位置来处理。

(6) 清水墙面不允许出现二寸头砖，以免影响清水墙面美观。

2. 240 mm 厚实心砖墙的摆砖(干摆四层砖墙)

(1) 十字缝摆砖：将角部两块七分头砖准确定位(跟顺砖走)，然后按"山丁檐跑"的原则依次摆好砖，如图 3－29(a)所示。

(2) 骑马缝摆砖：先将角部两块七分头砖准确定位(跟顺砖走)，其后隔层摆一丁砖，再按"山丁檐跑"的原则依次摆好砖，如图 3－29(b)所示。

(3) 梅花丁组砌摆砖：角部每一皮砖均常用整砖、七分头砖、半砖、二寸头砖各一块准确定位，然后按一丁砖一顺砖的次序依次摆好砖，如图 3－30 所示。

(4) 纵横墙接头处摆砖：

① 一顺一丁丁字墙　顺砖层相交时，内角相交处竖缝应错开 1/4 砖；丁砖层相交时，在横墙端头加砌七分头，如图 3－31(a)所示。

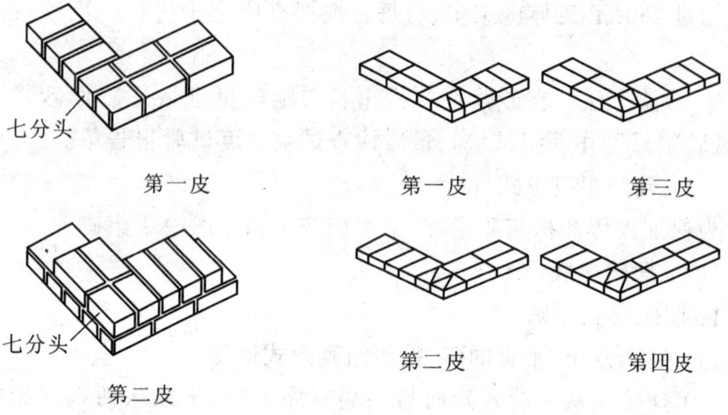

(a) 十字缝摆砖　　(b) 骑马缝摆砖

图 3-29　一顺一丁组砌法摆砖

② 一顺一丁十字墙　无论是顺砖层还是丁砖层相交，只需将先摆砖的墙的立缝与后摆砖的墙边缝错开 1/4 砖即可，如图 3-31(b)所示。

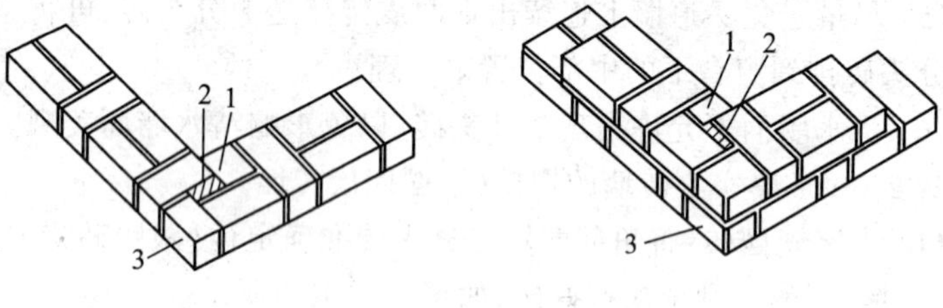

(a) 第一皮　　(b) 第二皮

图 3-30　梅花丁组砌法摆砖

1—半砖；2—1/4 砖；3—七分头砖

（五）240 mm 厚实心砖墙墙身砌筑

1．盘角

(1) 盘角处 1 m 范围内，按组砌方法挑选平直、方正的砖（七分头砖一定要棱角方正，尺寸正确），先盘砌 3～5 皮砖，并用方尺检查方正度，用线锤检查垂直度，如图 3-32(a)所示。

(2) 5 皮砖盘砌好后，两端拉通线检查砖墙槎口处砖是否有抬头和

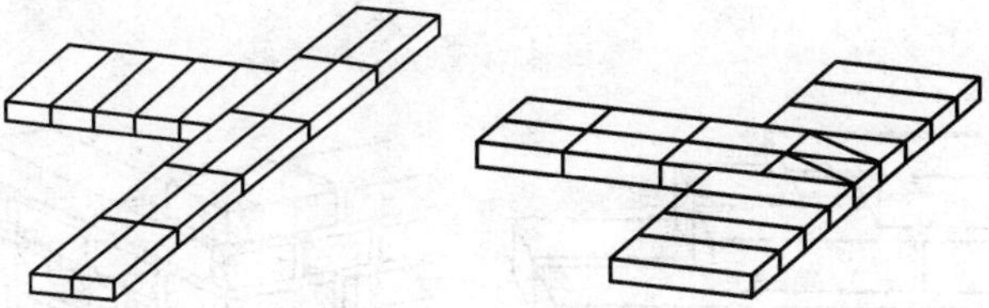

(a) 丁字墙接头摆砖

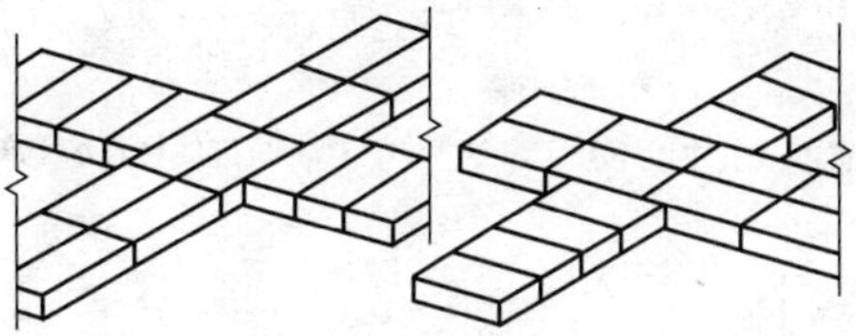

(b) 十字墙接头摆砖

图 3-31 一顺一丁纵横墙接头处摆砖

低头现象,再核对砖的皮数,千万不能出现错层,如图 3-32(b)所示。

(3) 随着盘角上砌,要随时用托线板检查其垂直度,使纵横墙砌成直角,如图 3-32(c)所示。

(4) 盘砌时必须以皮数杆为准,控制好砖层上口高度,不要与皮数杆对应皮数相差太多(偏差值应控制在 5~10 mm 范围以内),如图 3-32(d)所示。

2. 挂线

(1) 外墙大角挂线:用线拴上半截砖头,挂在大角的砖缝里,然后用别线棍把线别住,别线棍的直径约 1 mm,别在离转角 20~40 mm 处,如图 3-33(a)所示。

(2) 内墙挂线:一般先拴立线,再将准线挂在两端立线上,如图 3-33(b)所示。

(3) 挑线:当墙面挂线长度超过 20 m 时,应在墙身中间砌上一块挑出 30~40 mm 的腰线砖托住准线,再用砖将线压住,如图 3-33(c)所示。

3. 砌墙身

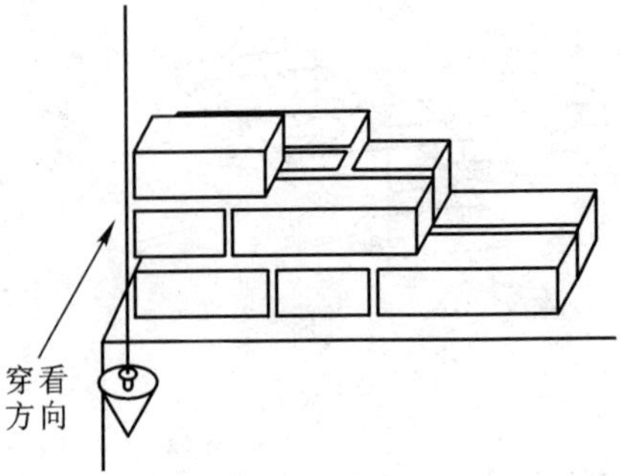

(a) 线锤检查垂直度（五皮以下）

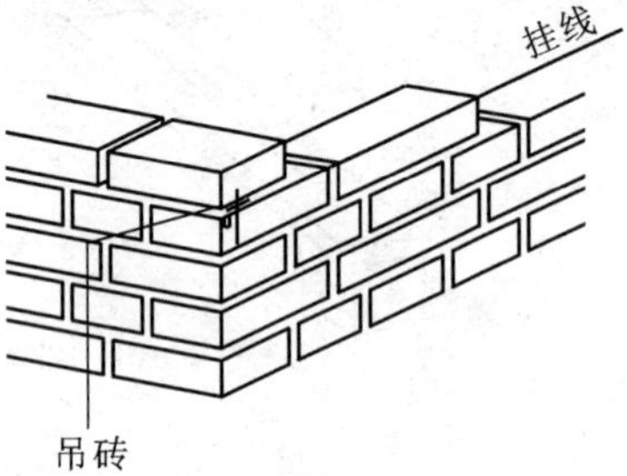

(b) 拉准线检查水平灰缝平直度

(c) 托线板检查垂直度（五皮以上）

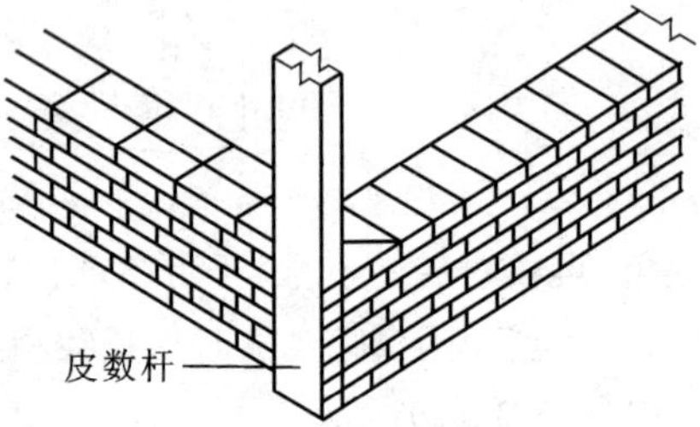

(d) 皮数杆检查水平灰缝厚度

图 3－32　盘角检查

(1) 墙身砌筑必须挂准线,准线要绷紧。一般 240 mm 厚及以上墙体均应采用双面挂线。

(2) 准线挂好后,严格按砖墙砌筑方法铺好灰浆,要求上灰要准,铺灰要活。

(3) 砌顺砖时,要依据“上平线、下跟棱”的原则,将砖摆平;砌丁砖时,身体稍外探,用眼睛穿看墙面丁砖面的侧边,使其与下面所砌砖面对齐,避免“游丁走缝”。

(4) 最后盘角、砌墙身,循环向上进行。

(六) 立门窗及门窗洞口处墙的砌筑

1. 立、嵌门窗框

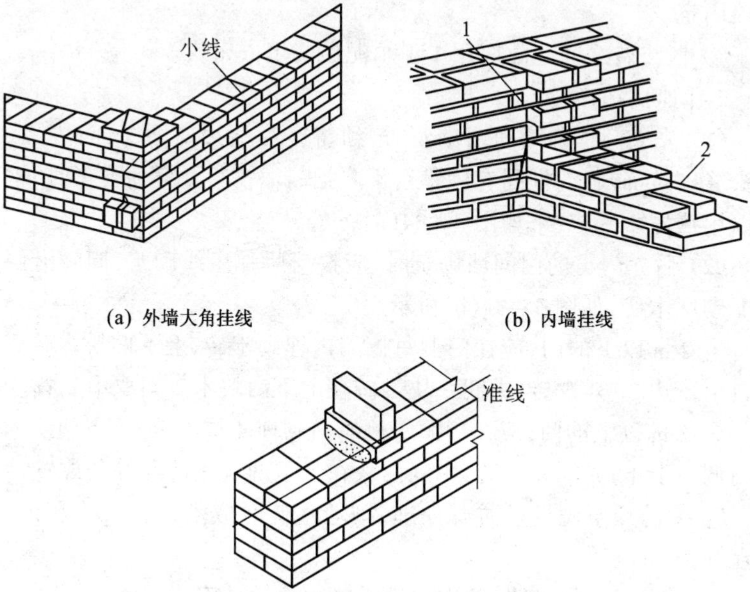

(a) 外墙大角挂线　(b) 内墙挂线　(c) 挑线

图 3－33　挂线方法

1—立线；2—准线

(1) 立门框：

① 立门框前应在框与砖墙面接触处刷防腐剂，根据所弹墨线将门框锯口线的位置放于高出 ±0.000 的 5 mm 处。

② 用靠尺或线锤校正垂直度，再用杆或毛竹支撑固定。

(2) 立窗框：

① 立窗框前应在框与砖墙面接触处刷防腐剂，根据皮数杆的高度或施工图的要求立放。

② 用靠尺或线锤校正垂直度，再用木杆或毛竹支撑固定。

(3) 嵌木门窗框：

① 砌筑时按所弹墨线或施工图要求预留门窗洞口，洞口两侧预埋防腐木砖。

② 当主体工程完成后，将木门窗框嵌入预留洞口内，并用铁钉或

螺栓固定。

③ 框与砖之间缝隙应用1:1水泥砂浆填嵌密实。

2. 门间墙的砌筑

(1) 先立门框的门间墙砌筑时，须将砖与框边离开3 mm左右，并带头缝砌筑(砖与门框间有砂浆)，不要把门框挤得太紧而变形，门框与砖墙用燕尾木砖拉结，如图3－34(a)所示。

(2) 后立门窗的门间墙砌筑时，应根据所弹墨线砌筑，同时沿门框高度砌埋木砖，如图3－34(b)所示。

① 2 m以下的门，应在门洞每侧墙内埋砌木砖，上下两块木砖离门洞口上下边3～4皮砖，中间一块木砖在上下两块木砖间取中放置。

② 2 m以上的门，应在门洞每侧墙内砌埋4块木砖，上下两块木砖距门洞口上下边3～4皮砖，中间两块在上下两块木砖间等分放置。

③ 木砖须事先经过防腐处理，砌埋木砖时应坐浆且大头在内、小头在外。

④ 金属门不用木砖，可砌埋铁件或预留铁件安装位置。

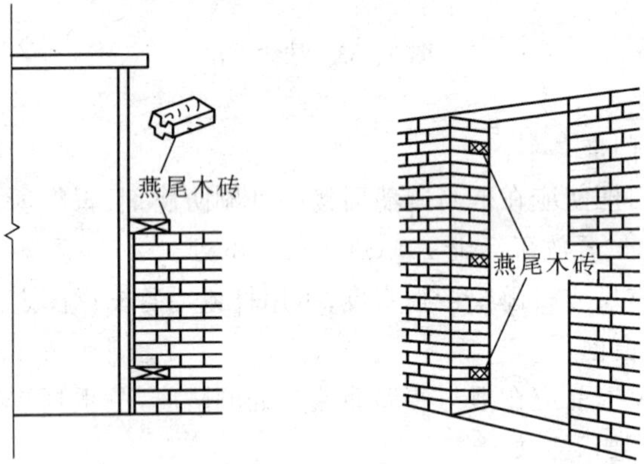

(a) 先立门框的门间墙砌筑　　(b) 后立门框的门间墙砌筑

图3－34　门间墙砌筑

3. 窗台砌筑

砖墙砌至窗洞口标高时，应砌筑窗台。砌窗台有先砌窗台后砌窗间墙和先预留窗台位置后砌窗间墙两种做法。

(1) 砌混水窗台(也称平出窗台):用披灰法平砌丁砖一皮,两端先砌2块挑砖,挑砖面一般低于窗框下冒头40~50 mm,过窗角60 mm,挑出墙面60 mm;砌时应挂通线,通线挂在两头挑出60 mm砖的角砖上,竖缝要披足嵌严,如图3-35(a)所示。

(2) 砌清水窗台(也称虎头窗台):用披灰法砌陡砖层,两端先砌2块挑砖,挑砖面低于窗框下冒头10 mm,过窗角60 mm,挑出墙面60 mm;砌时应挂通线,通线挂在两头挑出60 mm砖的角砖上,竖缝要披足嵌严并勾缝,如图3-35(b)所示。

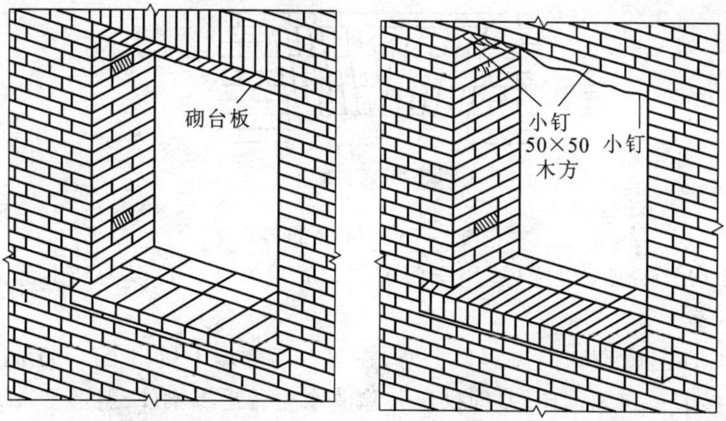

(a) 砌混水窗台　　(b) 砌清水窗台

图3-35　窗台砌筑

4. 窗间墙砌筑

① 同一轴线上的多道窗间墙应拉通线砌筑,砌筑方法与砌门间墙相同。

② 砌窗间墙第一皮砖时要防止窗口砌成阴阳膀(窗口两边不一致,窗间墙两端不一致)。

③ 1.5 m以下的木窗框,应在墙洞两侧砌埋木砖,每侧放2块,一般放在上下边的第4皮砖位置,放置木砖时应坐浆。

④ 砌筑时随时用皮数杆检查窗间墙洞口标高和预埋件位置标高。

5. 砖过梁砌筑

砖过梁的形式有砖砌平拱梁、砖砌弧拱梁和钢筋砖过梁。其中砖砌平拱梁又可分为立砖平拱梁、斜形平拱梁和插子平拱梁三种，如图3－36所示。

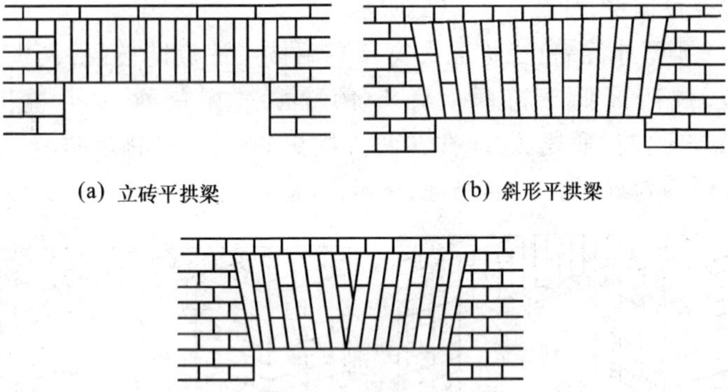

(a) 立砖平拱梁　(b) 斜形平拱梁

(c) 插子平拱梁

图 3－36　砖砌平拱形式

(1) 砖砌平拱梁(适用于门窗洞口宽度在 1.2 m 以内和上部无集中荷载)：

① 当墙砌到门窗洞口上时，在洞口两侧墙上留出 20～30 mm 拱肩，接着砌筑两端砖墙(即拱座)，除清水立砖平拱梁外，斜形平拱梁和插子平拱梁的拱座要逐层向上收 8～10 mm，并砌成斜坡形，一砖高的梁上端约倾斜 30～40 mm，一砖半高的梁上端约倾斜 50～60 mm，如图3－37(a)所示。

② 拱座砌到与拱同高时，开始支胎模板。先将胎模板支撑并放水平，再在胎模板上垫铺一层湿砂，梁跨中起拱高度约为跨度的 1%，然后进行试摆砖，摆砖要左右对称且砖的块数必须为单数，如图 3－37(b)所示。

③ 砌筑时从两端拱座同时开始，用立砖与陡砖交替砌筑并向中间合拢，灰缝成楔形，上宽下窄，上口灰缝不得超过 15 mm，下口灰缝不得小于 5 mm，最后中间一块砖两面带灰缝从上往下挤塞，砌完后应灌浆，如图 3－37(c)所示。

④ 拆模时应使砂浆强度达到设计强度的 50%以上，以防砖拱变形

坍落,如图 3 - 37(d)所示。

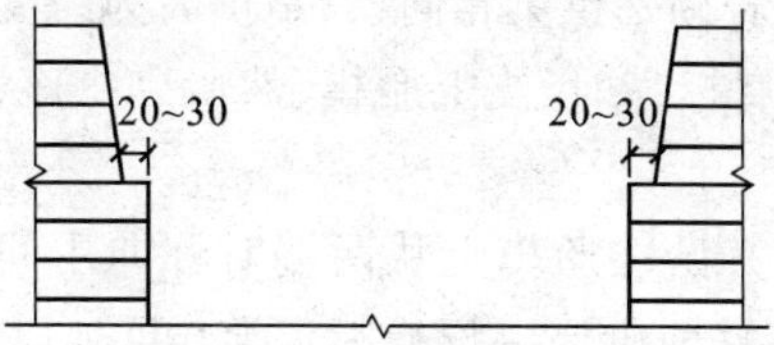

(a) 砌拱座

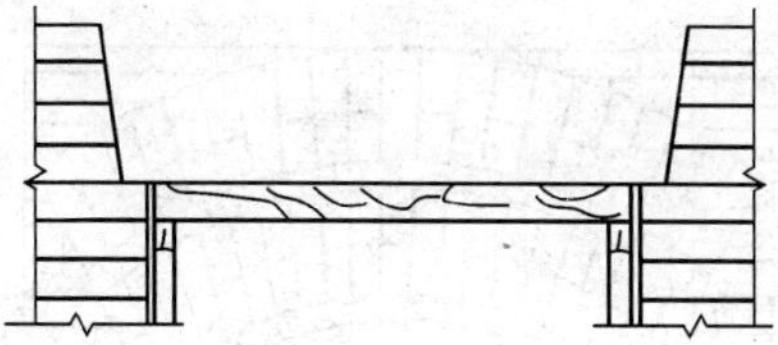

(b) 支胎模板

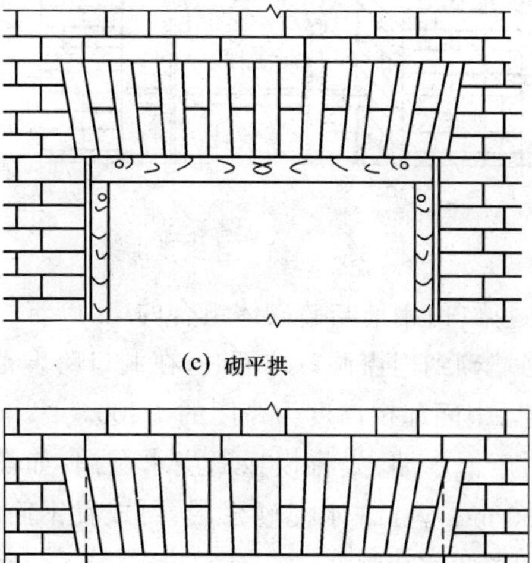

(c) 砌平拱

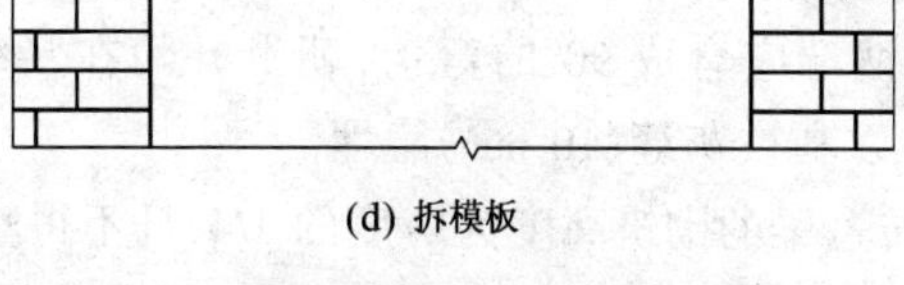

(d) 拆模板

图 3 - 37　砖砌平拱梁

(2) 砖砌弧拱梁：

① 砌筑方法与砖砌平拱梁相同，只是拱高为跨度的 1/10 ~ 1/5。当墙砌到门窗洞口拱肩标高时，支上胎模，然后砌拱座，拱座的坡度线应与胎模垂直。

② 拱座砌完后开始在胎模上从两端对称向中间砌砖。弧拱梁多采用一碹一卧的砌法（即砌完一层碹后灌浆，再砌一皮卧砖灌浆，如此循环），如图 3 – 38 所示。

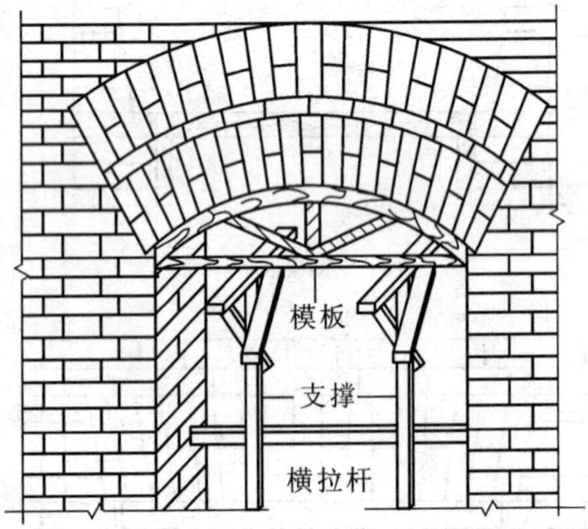

图 3 – 38　一碹一卧式弧拱梁

(3) 钢筋砖过梁（由钢筋与砖砌体组合的梁）砌筑：

① 支模　当墙砌到门窗洞口顶面时，在洞口跨度范围内支设过梁模板，板宽同墙厚，中间起拱高度为跨度的 1/200。

② 做法　对于混水墙，先将模板面浇水湿润，如设计无具体要求时，底面应铺设 30 mm 厚 1∶3 水泥砂浆层，再放置钢筋埋入砂浆层，然后砌第 1 皮砖，如图 3 – 39 所示。

③ 布筋　根据设计图纸要求确定。钢筋两端伸入支座砌体内不得少于 240 mm，两端应弯成 90°的弯钩，朝上并勾在竖缝内，且钢筋直径不大于 8 mm，以利被灰缝（10 mm）隐埋。

④ 砌高　砖过梁的砌筑高度为跨度的 1/4，且不得小于 7 皮砖。过梁段的砂浆至少比墙体的砂浆高一个强度等级，或者按设计要求确定。

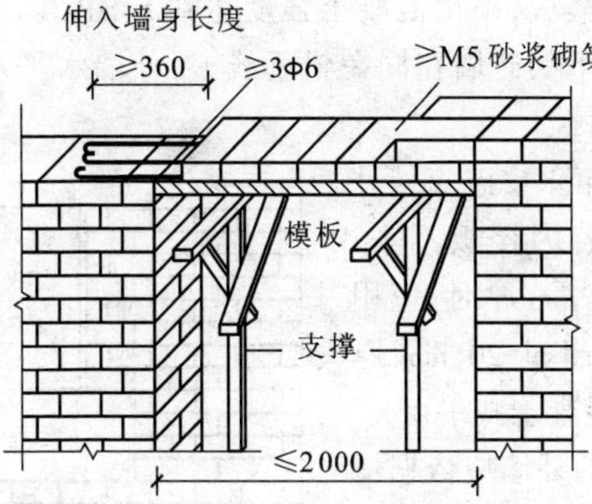

图 3-39　钢筋砖过梁

（七）楼层处墙体砌筑

(1) 砖墙砌到楼板底时应砌成丁砖层。

(2) 填充墙砌到框架梁底时，墙与梁底的缝隙处理：对清水墙要用木楔子打紧，然后用 1:2 水泥砂浆填嵌密实；对混凝土墙可用与水平面成 45°~60°的斜砌砖顶紧，如图 3-40 所示。

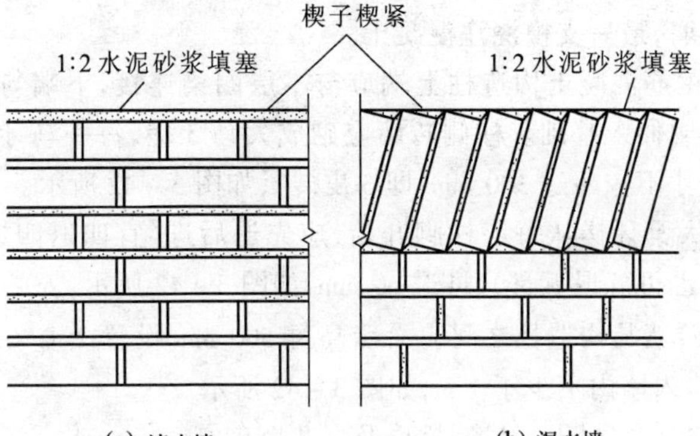

图 3-40　框架梁底砖墙砌筑

(3) 砖墙砌到大梁支承处时，梁垫下的砖应砌成丁砖层，梁的两侧留成直槎，如图 3-41 所示。

(4) 楼层上砌砖时，对预制钢筋混凝土楼板，灌好缝即可进行；对现浇钢筋混凝土楼板，须待混凝土强度达到 5 MPa 以上方可进行。所砌砖墙要求和板下的砖墙在同一铅垂线上，外墙水平灰缝上下均匀一致。

(5) 内墙的第 1 皮砖应与外墙的砖层交圈，若因楼板不平，底皮灰缝小于 20 mm 厚时，应用水泥砂浆找平；超过 20 mm 厚时，则应用细石混凝土找平。

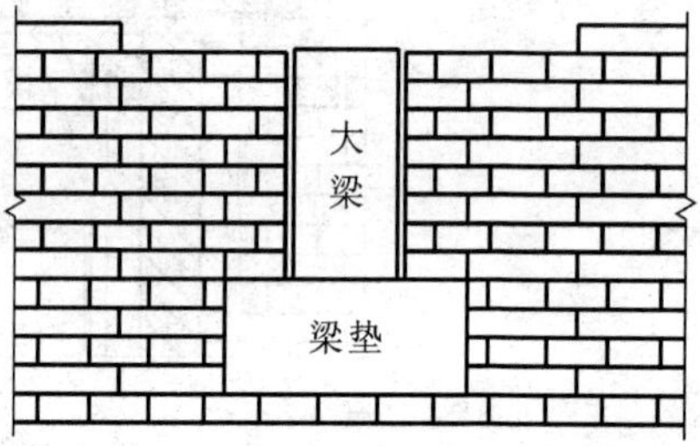

图 3-41　大梁支承处砖墙砌筑

(6) 对四周的外墙应依据皮数杆向上砌筑；对内墙应先在楼面上根据引测的轴线弹好墨线，并检查所弹墨线位置是否与楼板下墙体轴线重合。

(7) 楼层外墙上的门、窗、挑出构件等应与底层或下层对应构件在同一垂直线上，分口线应用线锤从下面吊挂上来。

(八) 构造柱处墙体砌筑

(1) 设有钢筋混凝土构造柱的抗震多层砖房，应先绑扎钢筋，而后砌柱侧砖墙，最后支模浇注混凝土。

(2) 钢筋混凝土构造柱上端应与本层圈梁连接，下端与下一楼层圈梁连接或伸入基础。柱侧砖墙应砌成大马牙槎，每一马牙槎沿高度方向的尺寸不应超过 300 mm(即 5 皮砖)，如图 3-42 所示。

(3) 大马牙槎从每层柱脚开始，应先退后进(宜四退四进，符合尺寸要求时也可五退五进)，进退 60 mm，如图 3-42 所示。

(4) 砖墙与构造柱之间应沿墙高每 500 mm 设置 2 Φ 6 水平拉结筋，每边伸入墙内不少于 1 m，如图 3-42 所示。

(九) 山尖、封山、封檐、挑檐及女儿墙砌筑

1. 砌山尖

(1) 坡屋顶的山墙，在砌到檐口标高时，就要往上收砌山尖。砌山尖时，先把山尖皮数杆钉在山墙中心线上，在皮数杆上的屋脊标高处钉一个钉子，然后向前后檐拉斜线。

(2) 砌筑时必须挂水平线，按皮数杆的皮数和斜线的标志以退踏

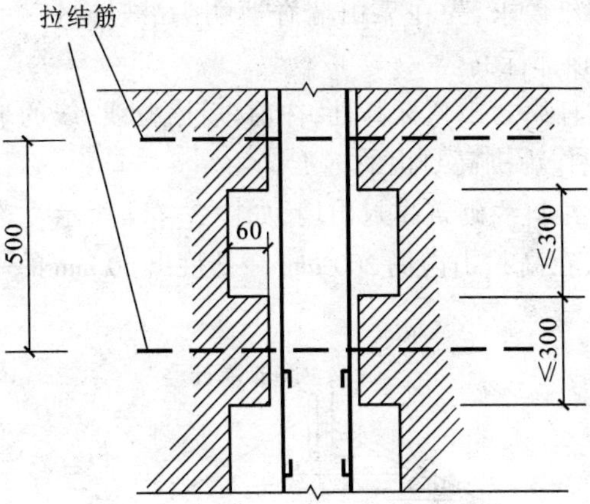

图 3-42　构造柱处大马牙槎砌筑

步槎的形式向上砌筑，砌到檩条标高时，应将位置留出。有垫块或垫木时，应预先将其按标高放置，如图 3-43 所示。山尖砌好后就可安放檩条。

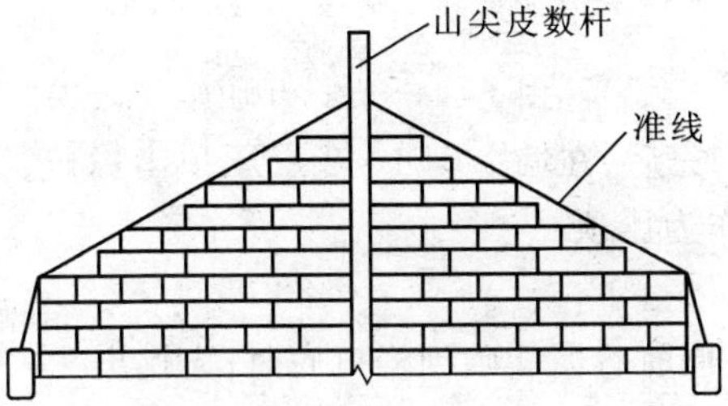

图 3-43　山尖砌筑

2. 砌封山

(1) 砌封山之前，要检查山尖是否正中，房屋中间墙山尖是否在同一直线上，山墙两端檐口是否对称，符合要求方可砌砖。

(2) 砌平封山（砌成平面的封山）：按已放好的檩条上皮拉线，或按已钉好的望板找平砌，封山顶坡的砖要砍成楔形砌成斜坡，然后抹灰找平，等待盖瓦。

(3) 砌高封山：

① 根据图纸要求,先在靠山墙脊檩端头沿竖向钉一根皮数杆,杆上标明高封山顶部标高。

② 自皮数杆高封山顶标高处,往前、后檐拉线,线的坡度应和屋面坡度一致,以此作为砌高封山的标准。

③ 根据所拉斜线砌筑高封山墙,如图 3-44 所示。若高封山墙高出屋面较多时,在高封山内侧 200 mm 高处挑出 60 mm 的平砖作为滴水檐。

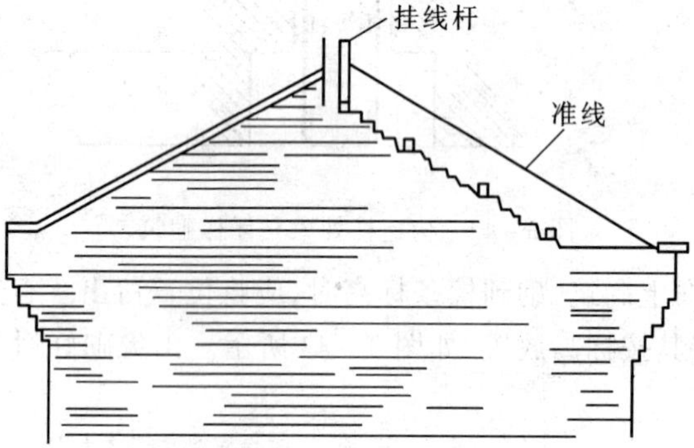

图 3-44　高封山砌筑

④ 高封山砌完后,在墙上砌 1~2 层压顶出檐砖,其上抹 1:2.5~1:3的水泥砂浆作为压顶。

3. 砌封檐

封檐指坡屋顶前后檐墙砌到檐口底时,先挑出 2~3 皮砖顶到屋面板的砌体部分。

(1) 封檐前应检查墙身高度是否符合要求,前后两坡及左右两边是否在同一水平线上。

(2) 砌筑前先在封檐两端挑出 1~2 块砖,再顺着砖的下口拉线穿平,清水墙封檐的灰缝错开,砌挑檐砖时,头缝应披灰,同时外口应略高于里口。

4. 砌挑檐

挑檐(或拔檐)指在山墙前后檐口处,向外挑出的砖砌体。

(1) 砌筑挑檐的砖,干湿应适宜,可在砌筑时将砖在水中浸一下,随砌随浸随用。

(2) 砌筑时宜由外向里水平靠向已砌好的砖,将立缝挤紧。放砖动作要快,砖放平后不宜再动,然后再砌一块砖将它压住,如图 3－45 所示。

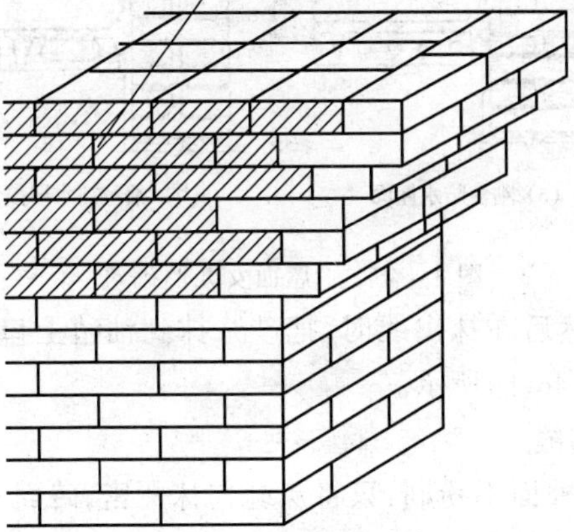

图 3－45 挑檐砌筑

(3) 砌挑出砖时,立缝要披满砂浆,水平灰缝的砂浆要外高内低,砖要选用边角整齐、色泽一致的砖,阴阳线条应均匀,不可过大或过小。

5. 砌女儿墙

女儿墙指平屋面四周外墙上的装饰墙。

(1) 砌筑方法:砌筑方法与墙体砌筑相同,砌完后,在墙上砌 1～2 层压顶出檐砖,其上抹 1∶2.5～1∶3 的水泥砂浆作压顶。

(2) 防水构造:

① 刚性防水屋面　女儿墙砌到高出屋面 2～3 皮砖时,收进 30～40 mm(一皮砖厚且四周贯通),便于做屋面细石混凝土时随手将混凝土嵌入墙内,防止渗水,如图 3－46(a)所示。

② 油毡防水屋面　女儿墙砌到距顶层屋面板 250～300 mm 处时,收进 30～40 mm(1 皮砖厚且四周贯通)且在其上面砌 1 皮向内墙面外挑出 60 mm 的砖,形成一条贯通四周的出线。做屋面防水时,可把油毡

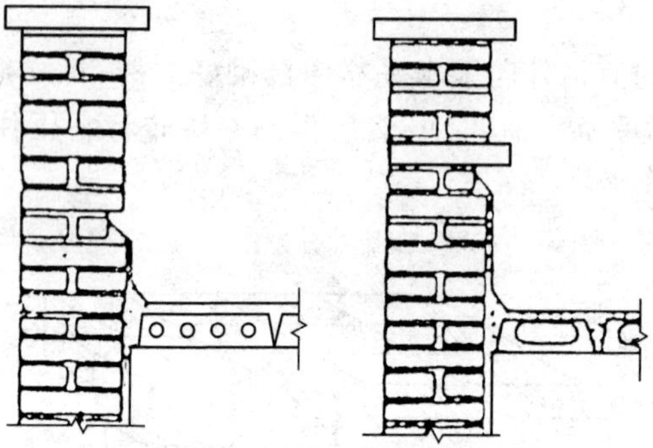

(a) 刚性防水屋面　　(b) 油毡防水屋面

图 3 – 46　平屋面女儿墙砌筑

贴到凹口里面，然后在抹出线时，把砂浆抹到油毡上口将油毡压住，以防渗水，如图 3 – 46(b)所示。

（十）墙面勾缝

清水墙指墙外面不粉刷，只将灰缝勾抹严密，砖面直接暴露在外的砖墙。

1. 勾缝形式

勾缝的形式主要有平缝、凹缝、斜缝、凸缝等几种，如图 3 – 47 所示。

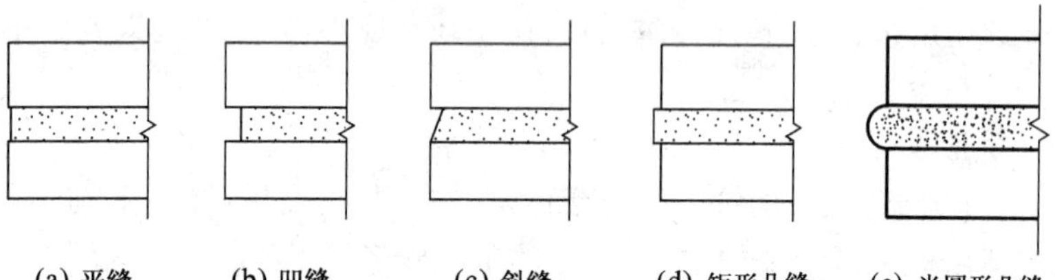

(a) 平缝　(b) 凹缝　(c) 斜缝　(d) 矩形凸缝　(e) 半圆形凸缝

图 3 – 47　勾缝形式

（1）平缝：操作简单，勾成的墙面平整，不易剥落和积垢，防雨水渗透作用较好，但墙面较单调。平缝有深、浅两种做法，深的凹进墙面 3 ~ 5 mm，多用于外墙面勾缝；浅的与墙面平，多用于车间、仓库等内墙勾缝。

（2）凹缝：将灰缝砂浆全部压入缝内 4 ~ 5 mm，此缝勾成的墙面立体感强，较美观，但易受雨水渗透且耗工量大。一般宜用于气候干燥地区的墙面勾缝。

(3) 斜缝：将水平缝的上口砂浆压进墙面 3 ~ 4 mm，下口与墙面平，使其形成斜面向上的缝。此缝操作方便，易泄水，适用于清水墙和烟囱勾缝。

(4) 凸缝：通过加浆将灰缝做成凸出墙面约 5 mm 的凸缝。此缝勾成的墙面线条清晰，外观较美，但操作麻烦。

2. 勾缝前的准备

(1) 工具准备：溜子、托灰板、扁钢凿、笤帚等。

(2) 砂浆准备：用人工拌制方法拌制 1:1.5 的水泥细砂砂浆（水泥强度等级宜采用 42.5 级，砂子过 3 mm 的筛，砂浆稠度 40 ~ 50 mm），随拌随用。

(3) 墙面修整：

① 将脚手眼清理干净并洒水湿润，用与原墙相同的砖将脚手眼补砌严密。

② 把门窗周围的缝隙用 1:3 水泥砂浆堵严嵌实。

③ 对瞎缝（缝内无砂浆）、偏斜的灰缝用扁钢凿剔凿；对缺损处的砖用 1:2 水泥砂浆加氧化铁红调成与墙面相似的颜色修补（俗称假砖）。

④ 将墙面粘结的泥浆、砂浆及杂物等清除干净。

3. 勾缝操作

(1) 原浆勾缝：直接把砌墙的砂浆，随砌墙随勾缝，一般勾成平缝或斜缝，如图3－48所示。

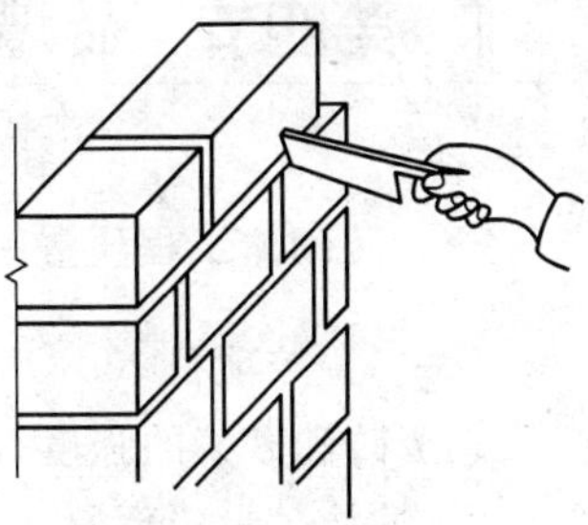

图 3－48　原浆勾缝

(2) 加浆勾缝：

① 勾缝前一天将墙面浇水洇透。勾缝顺序应从上而下，先勾横缝，后勾竖缝。

② 勾横缝。左手拿托灰板紧靠墙面，右手拿长溜子，将托灰板顶

在要勾的缝口下边,右手用溜子将灰浆喂入缝内,自右向左随勾随移动托灰板。勾完一段后,再用溜子自左向右在砖缝内溜压密实,使其平整,深浅一致,如图 3－49(a)所示。

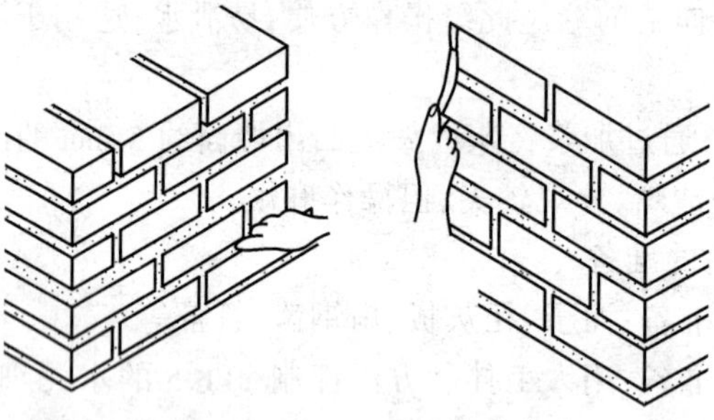

(a) 勾横缝　　(b) 勾竖缝

图 3－49　加浆勾缝

③ 勾竖缝。左手拿托灰板顶在要勾的缝口下边,右手拿短溜子在托灰板上把灰浆刮起,勾入缝中,用溜子自上而下在缝隙内溜压密实平整,如图 3－49(b)所示。

④ 勾好的横缝和竖缝要深浅一致,交圈对口。一段墙勾完后用笤帚把墙面扫干净,勾完的灰缝不应有搭接、毛疵、舌头灰等毛病。

第四节　砖墙的质量标准和安全操作要求

一、砖砌体工程质量验收评定标准

(一) 主控项目

(1) 砖和砂浆的强度等级必须符合设计要求。

① 抽检数量:每一生产厂家的砖到现场后,按烧结砖 15 万块,多孔砖 5 万块,灰砂砖及粉煤灰砖 10 万块各为一验收批,抽检数量为一组。砂浆试块的抽检数量以同一生产厂家、同一编号为一检验批。

② 检验方法:查砖和砂浆试块试验报告。

(2) 砌体水平灰缝的砂浆饱满度不得小于 80%。

① 抽检数量:每检验批抽查不少于 5 处。

② 检验方法:用百格网检查砖底面与砂浆的粘结痕迹面积。每处检测 3 块砖,取其平均值。

(3) 砖砌体的转角处和交接处应同时砌筑,严禁无可靠措施的内外墙分砌施工。对不能同时砌筑而又必须留置的临时间断处应砌成斜槎,斜槎的水平投影长度不应小于高度的 2/3。

① 抽检数量:每检验批抽 20% 接槎,且不少于 5 处。

② 检验方法:观察检查。

(4) 非抗震设防及抗震设防烈度为 6 度、7 度地区的临时间断处,当不能留斜槎时,除转角处外,可留直槎,但必须做成凸槎。留直槎处应加设拉结钢筋。拉结钢筋的数量为每 120 mm 墙厚放置 1 Φ 6 拉结钢筋;240 mm 墙厚放置 2 Φ 6 拉结钢筋;间距沿墙高不应超过 500 mm;埋入长度从留槎处算起每边均不应小于 500 mm,对抗震设防烈度为 6 度、7 度的地区不应小于 1 000 mm;末端应有 90°弯钩。

(5) 砖砌体的位置及垂直度允许偏差规定见表 3 - 1。

抽检数量:轴线查全部承重墙柱;外墙垂直度全高查阳角,不应少于 4 处,每层每 20 m 抽查一处;内墙按有代表性的自然间抽查 10%,但不应少于 3 间,每间不应少于 2 处,柱不少于 5 根。

表 3 - 1　砖砌体的位置及垂直度允许偏差

<table>
<tr><th>项次</th><th colspan="3">项目</th><th>允许偏差/mm</th><th>检验方法</th></tr>
<tr><td>1</td><td colspan="3">轴线位置偏移</td><td>10</td><td>用经纬仪和尺检查或用其他测量仪器检查</td></tr>
<tr><td rowspan="3">2</td><td rowspan="3">垂直度</td><td colspan="2">每层</td><td>5</td><td>用 2 m 托线板检查</td></tr>
<tr><td rowspan="2">全高</td><td>≤10 m</td><td>10</td><td rowspan="2">用经纬仪、吊线和尺检查或用其他测量仪器检查</td></tr>
<tr><td>>10 m</td><td>20</td></tr>
</table>

(二) 一般项目

(1) 砖砌体组砌方法应正确,上下错缝,内外搭砌,砖柱不得采用包心砌法。

① 抽检数量:每层每 20 m 查一处,每处 3 ~ 5 m 且不应少于 3 处;

内墙按有代表性的自然间抽查10%且不应少于3间。

② 检验方法:观察检查。

③ 合格标准:除符合以上要求外,清水墙、窗间墙无通缝;混水墙中长度大于或等于300 mm的通缝每间不超过3处且不得位于同一面墙体上。

(2) 砖砌体的灰缝应横平竖直,厚薄均匀。水平灰缝厚度宜为10 mm,但不应小于8 mm,也不应大于12 mm。

① 抽检数量:每步脚手架施工的砌体,每20 m查一处。

② 检验方法:用尺量10皮砖砌体高度计算。

(3) 砖砌体的一般尺寸允许偏差规定见表3-2。

表3-2 砖砌体一般尺寸允许偏差

<table>
<tr><th>项次</th><th colspan="2">项目</th><th>允许偏差/mm</th><th>检验方法</th><th>抽检数量</th></tr>
<tr><td>1</td><td colspan="2">基础顶面和楼面标高</td><td>±15</td><td>用水平仪和尺检查</td><td>不应少于5处</td></tr>
<tr><td rowspan="2">2</td><td rowspan="2">表面平整度</td><td>清水墙</td><td>5</td><td rowspan="2">用2 m靠尺和楔形塞尺检查</td><td rowspan="2">有代表性自然间的10%,但不应少于3间,每间不应少于2处</td></tr>
<tr><td>混水墙</td><td>8</td></tr>
<tr><td>3</td><td colspan="2">门窗洞口高宽(后塞口)</td><td>±5</td><td>用尺检查</td><td rowspan="2">检验批洞口的10%且不应少于5处</td></tr>
<tr><td>4</td><td colspan="2">外墙上下窗口偏移</td><td>20</td><td>以底层窗口为准用经纬仪和吊线检查</td></tr>
<tr><td rowspan="2">5</td><td rowspan="2">水平灰缝平直度</td><td>清水墙</td><td>7</td><td rowspan="2">拉10 m线和尺检查</td><td rowspan="3">有代表性自然间的10%,但不应少于3间,每间不应少于2处</td></tr>
<tr><td>混水墙</td><td>10</td></tr>
<tr><td>6</td><td colspan="2">清水墙游丁走缝</td><td>20</td><td>吊线和尺检查,以每层第一皮砖为准</td></tr>
</table>

二、砖墙砌筑常见质量问题原因及防止措施

砖墙砌筑常见质量问题原因及防止措施见表3-3。

表3-3 砖墙砌筑常见质量问题原因及防止措施

序号	类型	原因	防止措施
1	砂浆强度不稳定	1. 计量不准,砂浆配合比多数工地使用体积比;以小车为计量单位;砂子含水率变化和运料途中丢失	建立施工计量工具检验、维修、保管制度。计量工作派专人监控;配合比按质量比计算
		2. 施工时为使砂浆和易性好,使用的塑化材料(石灰膏等)超过规定用量,降低了砂浆强度	将塑化材料调成12 cm的标准稠度后称量,或测出其实际稠度后进行换算
		3. 原材料质量不符合有关要求	加强原材料的进场验收工作
		4. 砂浆试块的制作、养护方法和强度取值等没有执行规范的统一标准,数据不准	对砂浆试块应有专人按有关规定负责制作和养护
		5. 砂浆搅拌不均匀,人工搅拌次数不够,机械搅拌加料顺序颠倒	人工拌和,增加搅拌次数;机械搅拌,严格按加料顺序加料
2	砖砌体组砌混乱	1. 因混水墙面要抹灰,操作人员忽视组砌形式,则出现多层砖的直缝	应使操作者了解,组砌形式不只是为了墙面美观,更是受力的需要
		2. 砌筑砖砌体需要大量七分头砖来满足内、外层错缝的要求,由于砍制七分头砖增加许多工作量,影响砌筑效率,对此许多操作人员不够重视,只求效率,不顾质量	墙体中砖搭接不得少于1/4砖长;为了节约,允许使用半砖头,但必须满足1/4砖长的搭接要求。半砖应分散砌于混水墙中

续表

序号	类型	原　因	防止措施
3	砖缝砂浆不饱满	1. 砌筑砂浆和易性差，挤浆费劲；铺完砂浆后，使底灰产生空隙，砂浆层不饱满	改善砂浆和易性，铺砂浆应均匀不留空隙
		2. 用铺浆砌砖法砌筑时，因铺灰过长；砌筑速度跟不上，砂浆中的水分被底砖吸收	改进砌筑方法，应采用“三一”砌砖法，即：一块砖、一铲灰、一揉挤的砌筑方法
		3. 用干砖砌筑，使砂浆早期脱水	应将砖适当润湿后再砌筑
4	螺丝墙	1. 基层标高偏差较大，砌筑时没有按皮数杆控制砖的层数	基层用细石混凝土找平，使砖层符合皮数杆要求
		2. 砌同一层砖时，误将负偏差当作正偏差，把提灰当成压灰，结果差了一层砖	采取提(压)灰缝的方法调整墙面标高误差，挂线两端应相互呼应，墙体一步架砌完前，应进行抄平
5	墙面凹凸不平、水平灰缝不直	1. 砖的尺寸不标准	不标准的砖用于不重要的部位
		2. 墙体长度超过 20 m 时，拉线不紧，挂线产生下垂	挂线长度超过 20 m 时，应加腰线砖，所用腰线砖灰缝厚度应调平
		3. 吊垂线时没有从下步脚手架墙面向上引伸，使墙体在两步架交接处，出现凹凸不平、水平灰缝不直现象	吊垂线应从下面一步架墙面向上引伸，垂线延至上步架墙面至 50 cm

续表

序号	类型	原　因	防止措施
6	清水墙游丁走缝	1. 砖的规格不好,砖超长,宽度方向偏小,在丁顺互换的过程中产生偏差	不合规格的砖,用于墙体不重要的部位
		2. 砌窗间墙时由于分窗口的边线不在竖缝位置,使窗间墙的竖缝搬家、上下错位	干砖预排一定要认真进行,最好把窗口的位置在摆砖时一起考虑,当窗口分好后,如果竖缝错位,可在 2 cm 内适当调整
7	留槎不符合要求	1. 操作者对接槎的重要性认识不足,习惯留直槎	加强对操作者教育,认识接槎的重要性和正确处理方法
		2. 施工组织不当,造成留槎过多;砌墙时检查、督促不够	在施工组织和安排时,要统一考虑留槎适当位置;加强监督检查工作
8	清水墙面勾缝污染	1. 墙面浇水不透	勾缝前要对墙面浇好水
		2. 有的灰缝太小,甚至没有开缝,以至溜子无法嵌入缝内,托灰板接触墙面产生污染	做好灰缝开缝工作
		3. 勾缝结束未彻底清扫	勾缝结束后要彻底清扫

三、砖墙砌筑安全操作要求

(1) 一层楼以上或高度超过 4 m 时,采用脚手架砌墙必须按规定挂安全网、设护身栏杆和挡脚板。

(2) 雨雪天,要检查脚手架是否下沉,绑扎是否牢固,有无探头板。

(3) 严禁站在墙上工作或行走,严禁在脚手架上嬉戏或坐在脚手架栏杆上休息。

(4) 在架子上砍砖时,砍下的断头应落于砖墙上,不得随意往下砍砖。挂线用的砖头,应绑扎牢固,防止掉下伤人。

(5) 支撑门窗框的拉结条,应固定在楼面上,不得拉在脚手架上。

(6) 山墙砌到顶以后,若悬臂高度较高,应及时安装檩条,如不能及时安装檩条,应用支撑撑牢,以防大风刮倒。

(7) 使用卷扬机井架吊物时,应由专人负责开机,每次吊物不得超载,并应安放平稳。吊物下面禁止人员通行,不得将头、手伸入井架,严禁乘坐吊篮上下。

(8) 凡进入施工现场人员,必须戴安全帽,不准穿高跟鞋和拖鞋。

想 一 想

1. 砖墙砌筑前要做哪些准备工作?

2. 砌筑实心砖墙的操作步骤和操作要点有哪些?

3. 砖墙砌筑一定要进行摆砖和拉准线吗?

4. 砖砌体质量检验评定标准有哪些内容? 如何进行质量自检?

5. 砖墙砌筑容易出现哪些质量问题? 砌筑中如何进行预防?

练 一 练

1. 训练项目:砖墙砌筑练习。

2. 训练目的:掌握砌筑砖墙的方法。

3. 训练要求:进行旋砖、摆砖撂底、铺灰、砌砖、刮灰练习。

4. 训练时间:4 h。

5. 训练内容:用石灰砂浆砌 240 mm 厚混水墙,每 3 人为一组,其中 2 人砌筑,1 人供料。(采用梅花丁组砌,铺浆砌砖法砌筑。)

6. 操作评分(见表 3-4):

表 3-4 砖墙砌筑评分表

项目	配分	评分标准	得分
水平灰缝砂浆饱满度	12	一组三块平均达 80% 以上得满分,达不到 80% 不得分	
外形尺寸	8	第一皮砖外形尺寸与图比较,测 4 点,允许偏差 ±5 mm	

续表

项目	配分	评分标准	得分
墙面垂直度	20	测 8 个点,允许偏差 5 mm	
墙面平整度	10	测 4 个点,允许偏差 5 mm	
墙面游丁走缝	10	测 4 个点,允许偏差 20 mm	
水平灰缝厚度（10 皮砖累计数）	10	测 4 个点,允许偏差 ± 8 mm	
墙面清洁度	10	墙面清洁、干净	
工效	10	按时完成不扣分,按时完成 4/5 以上扣 4 分,未达到 4/5 不得分	
安全	5	无安全事故	
综合印象	5	观感较好,砌筑手法正确	
总计	100		

第四章　砖石基础砌筑

相关知识：1. 砖基础的构造知识；
2. 相关砌筑材料的种类、规格、性能及质量要求；
3. 砌筑基本功；
4. 砌筑施工的安全操作要求。

技能要求：1. 能正确选用和准备砌筑工具和砌筑材料；
2. 能进行基层的检查和复核；
3. 能进行砖基础大放脚的摆砖组砌；
4. 能按设计和施工要求砌筑砖基础。

第一节　砖基础大放脚的砌筑工艺及构造

一、砖基础大放脚的砌筑工艺

准备工作→拌制砂浆→确定组砌方法→排砖撂底→收退(放脚)→正墙→检查→抹防潮层(找平层)结束基础→勾缝。

二、砖基础的构造

砖基础由大放脚和基础墙组成。剖面砌成台阶形式，叫做大放脚，大放脚有等高式和间隔式两种如图 4－1 所示。等高式是每两皮砖一收，每边收进60 mm(1/4 砖长)，即高为 120 mm，宽为 60 mm。间隔式是两皮一收与一皮一收相间隔，第一台阶两皮一收，每边收进 60 mm，高为 120 mm；第二台阶一皮一收，每边也收进 60 mm，高为 60 mm，其收台形式如图 4－1 所示。

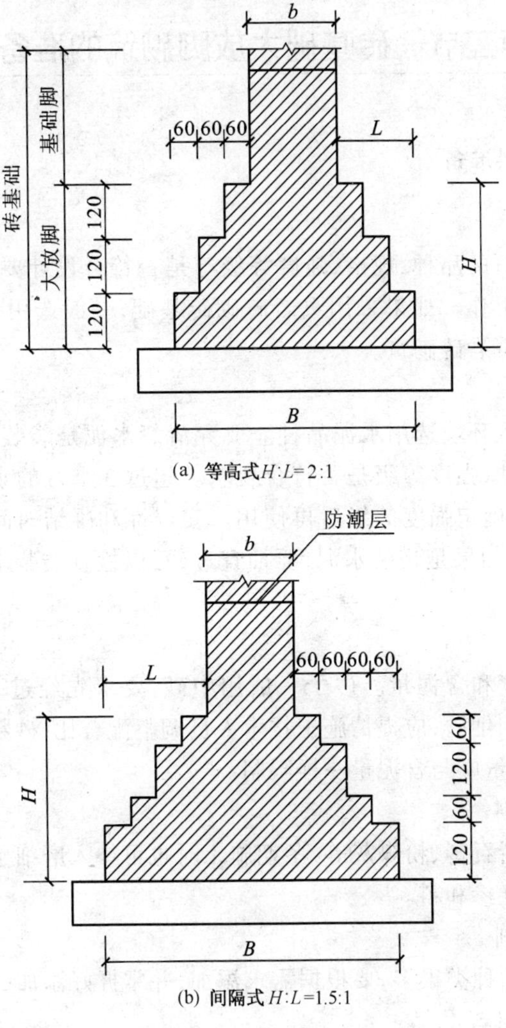
b
砖基础
基础脚
大放脚
60 60 60
L
120
120
120
H
B
(a) 等高式H:L=2:1
防潮层
b
60 60 60 60
L
H
60
120
60
120
B
(b) 间隔式H:L=1.5:1

图 4－1　砖基础的形式

第二节　砖基础大放脚砌筑的准备工作

一、材料准备

1. 砖石

检查砖石的品种、规格、强度等级等是否符合设计要求，并提前做好浇水湿砖工作。如果采用页岩砖砌砖基础，一般选用 MU15 及以上强度等级的页岩砖砌筑。

2. 水泥

根据工程环境选用水泥品种。要弄清楚水泥是袋装还是散装，它们的出厂日期、强度等级是否符合要求。超过 3 个月的水泥必须重新抽样检查，待确定强度等级后再使用。安定性和凝结时间不合格的水泥不能使用；如果是袋装水泥，要抽查过磅，以检查袋装水泥的计算正确程度。

3. 砂子

检查细度和含泥量。砂子一般用中砂，要求先经过 5 mm 筛孔过筛。如果采用细砂，应提请施工技术人员调整配合比，砂粒必须有足够的强度，粉末量应与含泥量一样限制。

4. 掺和料

掺和料指石膏、粉煤灰等，冬期施工时也可掺入磨细生石灰代替石灰膏等气硬性掺和料。

5. 外加剂

外加剂的种类很多，要根据需求添加，并掌握好添加的量和顺序。

6. 其他材料

其他材料如拉结筋、预埋件、木砖、防水粉（或防水剂）等均应一一检查数量、规格是否符合要求。

二、施工准备

砖石基础砌筑是在土方开挖结束后，垫层施工完毕，已经放好线、立好皮数杆的前提下进行的。

砖石基础施工前,一方面应熟悉施工图,了解设计要求,听取施工技术人员的技术交底;另一方面应对上道工序进行验收,如检查土方开挖尺寸和坡度是否正确,基底墨斗线是否齐全、清楚,基础皮数杆的立设是否恰当,垫层或基底标高是否与基础皮数杆相符(如高差偏大,则采用 C10 细石混凝土找平,严禁在砂浆中加细石及砍砖包盒子)。

三、作业条件准备

即操作前的准备,是为操作直接服务的,操作者应予以足够的重视。

(1) 基槽土方开挖是否符合要求,灰土或混凝土垫层是否验收合格。土壁是否安全,上下有无踏步或梯子。

(2) 基础皮数杆最下一层砖是否整砖,如不是整砖,要弄清各皮数杆的情况,确定“提灰”还是“压灰”。如果差距较大,超过 20 mm 以上,应用细石混凝土找平。

(3) 检查砂浆搅拌机是否正常,后台计量器材是否齐全、正确。对运送材料的车辆进行计量,以便装料后确定总配合比计量。

(4) 基槽有积水的要予以排除,并注意集水井、排水沟是否畅通,水泵工作是否正常。

四、拌制砂浆

1. 砂浆的配合比

砂浆的配合比一般是以质量比的形式来表达的,是经过实验确定的,配合比确定后,操作者应严格按要求计量配料,水泥的称量精确度应在 ±2%以内,砂子和石灰膏等掺和料的称量精确度控制在 ±5%以内,外加剂由于总掺入量很少,更要按说明或技术交底严格计量加料,不能多加或少加。

2. 砂浆的使用

砂浆应采用机械搅拌,搅拌时间不得少于 1.5 min,应随拌随用,对水泥砂浆或水泥混合砂浆,必须在拌制后 2 ~ 3 h 内使用完毕。

3. 砂浆强度的测试

砂浆以砂浆试块经养护后试压测试强度的，每一施工段或每 250 m^3 砌体，应制作一组（6 块）试块，如强度等级不同或变更配合比，均应另做试块。

第三节　砖基础大放脚的组砌方法

一、砖基础放线尺寸的计算

当设计无规定时，大放脚及基础墙一般采用一顺一丁的组砌方式，由于它有收台的操作过程，组砌时比墙身复杂一些。如图 4－1 所示的大放脚基底宽度可以按下式计算：

$$B = b + 2L \tag{4-1}$$

式中：B——大放脚宽度；

b——正墙身宽度；

L——放出墙身的宽度。

实际应用时，还要考虑灰缝的宽度，大放脚基底宽度计算好后，即可进行排砖摞底。

二、常见砖基础的组砌方式

（一）一砖墙身六皮三收等高式大放脚的组砌

此种大放脚共有三个台阶，每个台阶的宽为 1/4 砖长，即 60 mm，按式 4－1 计算，得到基底宽度为 B = 600 mm，考虑竖缝后实际应为 615 mm，即两砖半宽，其组砌方式如图 4－2 所示。

（二）一砖墙身六皮四收间隔式大放脚的组砌

按式 4－1 计算，求得基底理论宽度为 720 mm，实际为 740 mm，其组砌方式如图 4－3 所示。

（三）壁柱基础大放脚的砌筑

一砖墙身附一砖半宽、凸出一砖砖垛时，四皮两收大放脚的做法：墙身的排底方法与上面两例相仿，关键在于砖垛部分与墙身咬槎的处

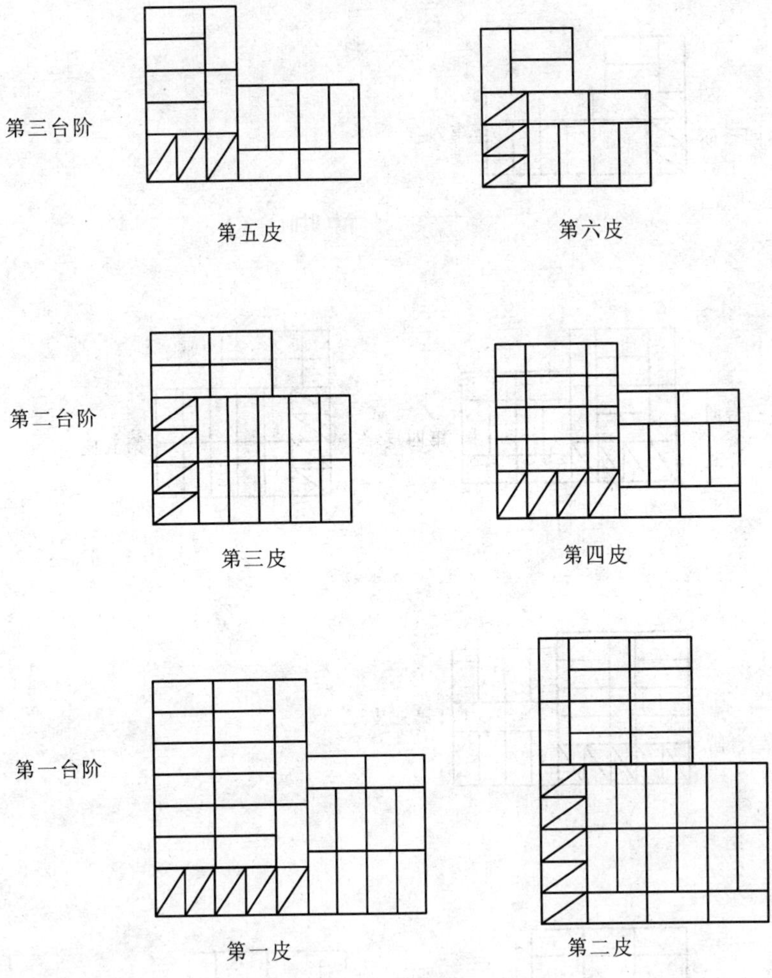

图 4－2　六皮三收基础大放脚

理和收放。根据上述方法计算出墙身放脚宽为两砖，砖垛的放脚宽度两砖半，其组砌方式如图 4－4 所示。

(四) 独立方柱基础大放脚的砌筑

一砖独立方柱六皮三收大放脚的做法：也按上述方法计算，得基底宽度为两砖半，组砌方式如图 4－5 所示。

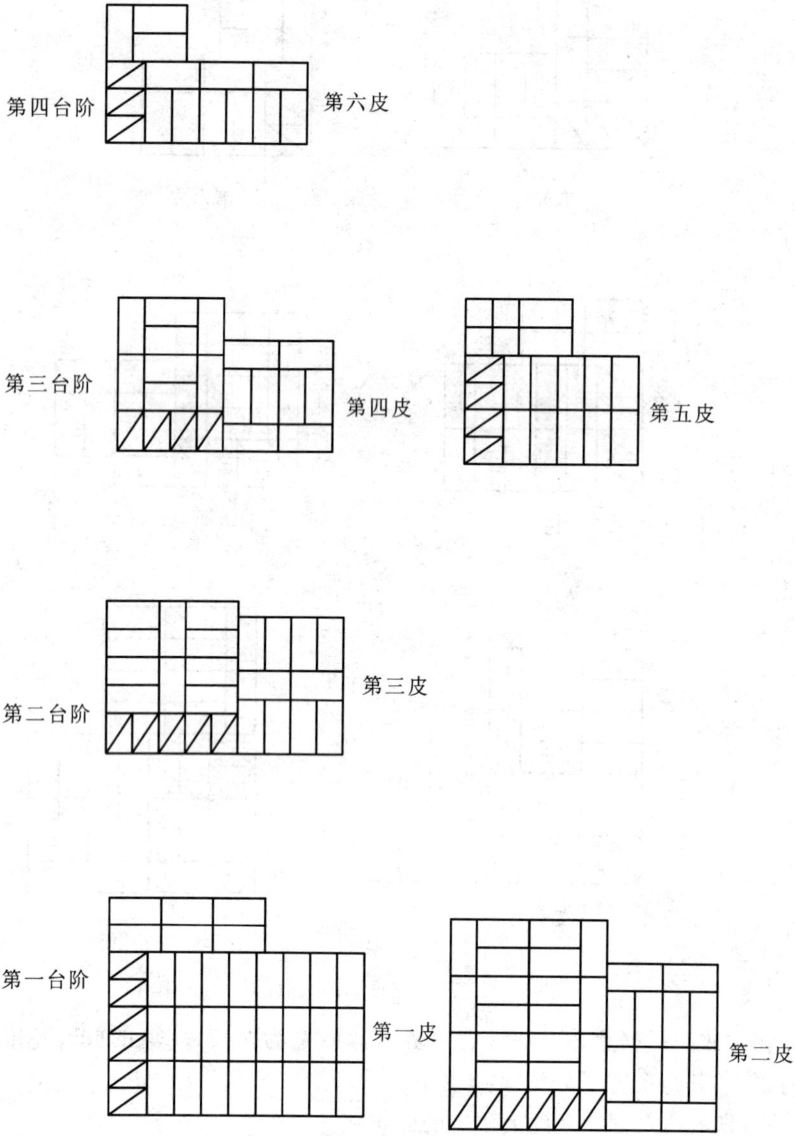

图 4－3　六皮四收基础大放脚

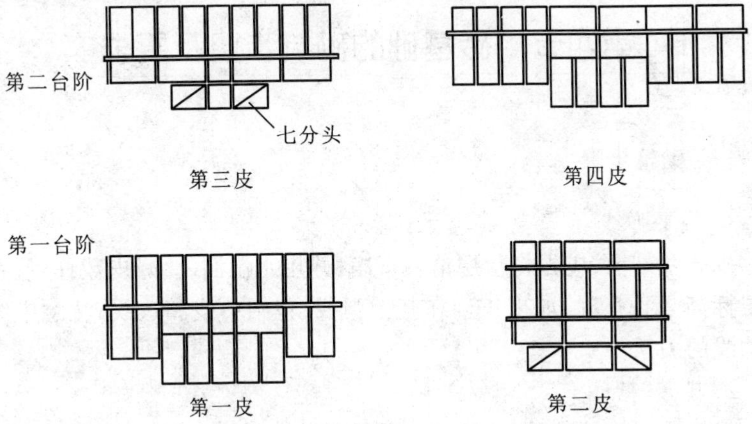

图 4 – 4　一砖墙附 120 × 365 壁柱下基础大放脚

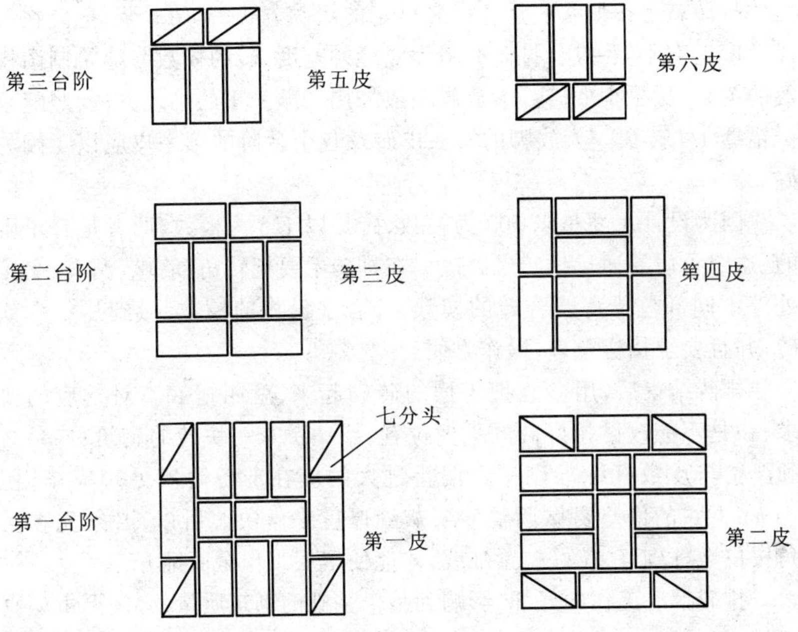

图 4 – 5　独立方柱下基础大放脚

第四节 砖基础的砌筑步骤及要求

一、砌筑步骤

1. 找平弹线

砌砖基础前，应先将垫层清扫干净，并用水湿润，立好皮数杆，检查垫层标高是否正确，如果正确在其上弹线，包括中线和边线，注意中线与轴线的关系。

2. 排砖、撂底

在垫层上弹好线后，经检查复核无误后按照筑砌方法进行排砖、撂底。

排砖的目的是通过调整竖缝大小来解决设计模数和砖模数的矛盾。排砖就是按照基底尺寸线和已定的组砌方式，不用砂浆，把砖在一段长度全部干摆一层，排砖时考虑竖缝的宽度、砖的模数与建筑制图模数的关系，尽量少砍砖。大放脚一般采用一顺一丁的砌筑方法，竖缝至少错缝 1/4 砖长。大放脚的第一皮砖及各个台阶的第一皮应以丁砌为好。

因为设计尺寸是以 100 为模数，砖是以 125 为模数，两者是有矛盾的，这个矛盾要通过排砖来解决。在排砖中要把转角、墙垛、洞口、交接处等不同部位排得既合砖的模数，又合乎设计的模数，做到尽量少砍砖，并且要求接槎合理，操作方便。

排砖结束后，用砂浆把干摆的砖砌起来，就叫撂底。对撂底的要求，一是不能改已排好砖的平面位置，要一铲灰一块砖的砌筑；二是必须严格与皮数杆标准砌平。偏差过大的应在准备阶段处理完毕，但 10 mm左右的偏差要靠调整砂浆灰缝厚度来解决。所以，必须先在大角按皮数杆砌好，拉好拉紧准线，才能使撂底工作全面铺开。

排砖撂底工作的好坏，影响到整个基础的砌筑质量，必须严肃认真地做好。

3. 盘角

开始砌筑时在墙的转角和内外墙交接处应先砌大角,即盘角。盘角时由一人进行,每次盘角高度不得超过五皮砖,并用线锤检查垂直度,用水平尺检查平整度,做到三皮一靠,五皮一吊,同时要检查每皮砖与皮数杆相符合的情况,如图 4 - 6 所示。检查无误后两面挂线,砌好撂底砖再砌以上各皮砖。

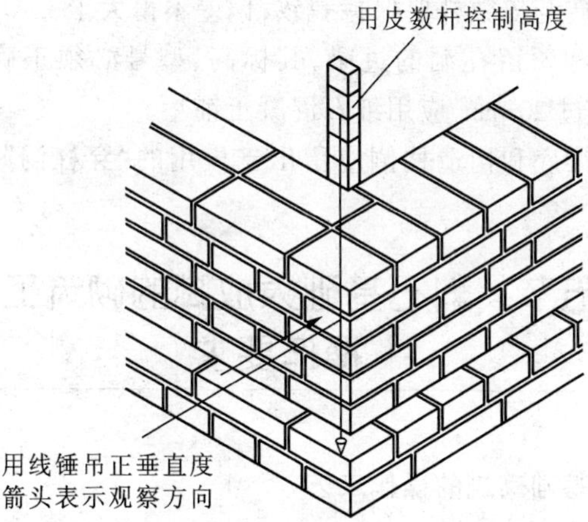

图 4 - 6　砖基础的盘角示意

4. 收台阶

基础大放脚收台阶时,每次收台必须用卷尺量准尺寸,每次收台高度为 120 mm 或 60 mm,收台宽度为 60 mm,中间部分的砌筑应以大角处准线为依据,不能用目测或砖块比量,以免出现偏差。收台阶结束后,砌基础墙前,要利用龙门板拉线检查墙身中心线,并用红铅笔将“中”画在基础墙侧面,以便随时检查复核。

二、砌筑要求

(1) 砌筑不同深度的基础时,应先砌深处,后砌浅处。基础高低相连处要砌成踏步槎,踏步的长度应不小于 1 m,其高度不大于 0.5 m。

(2) 如有抗震缝、沉降缝时,缝的两侧应按弹线要求分开砌筑。砌时缝隙内落入的砂浆要随时清理干净。

(3) 基础分段砌筑必须留踏步槎,分段砌筑的高度相差不得超过

1.2 m。

(4) 基础大放脚应错缝,利用碎砖和断砖填心时,应分散填放在受力较小的、不重要的部位。

(5) 预留孔洞应留置准确,不得事后开凿。

(6) 基础灰缝必须密实,以防止地下水的侵入。

(7) 各层砖与皮数杆要保持一致,偏差不得大于 ± 10 mm。

(8) 管沟和预留孔洞的过梁,其标高、型号必须正确,坐浆饱满。如坐浆厚度超过 20 mm,应用细石混凝土铺垫。

(9) 地圈梁底和构造柱侧应留出支模用的“穿杠洞”,待拆模后再填补密实。

第五节　料石基础大放脚的砌筑工艺及操作要求

一、料石基础砌筑的操作工艺

准备工作→拌制砂浆→确定组砌方法→排砖撂底→收退(放脚)→正墙→检查→抹防潮层(找平层)结束基础→勾缝。

二、石料和石砌体中几个名称的介绍

1. 石料的面

把面向操作者的一面叫正面,背向操作者的一面叫背面,向上的一面叫顶面,向下的一面叫底面,其余的是左右侧面。

2. 石砌体的灰缝

上下向的叫竖缝,其余的叫横缝。

3. 石层

砖砌体有“皮”的区别,对石砌体就称为“层”,是指每一线高度。

4. 顺石、丁石和面石

把石料长边平行而外露于墙面的叫顺石,长边与墙面垂直而横砌露出侧面或端面的叫丁石(也叫顶石),石砌体中露出石面的外层砌石

叫面石。

三、准备工作

(1) 石砌体用石应选质地坚实、无风化剥落和裂纹的石块,并按石块的规格对各砌筑部位进行分配,每个砌筑部位所用的石块要大小搭配,不可先用大石块后用小石块。

(2) 石材表面的泥垢、水锈等杂质,在砌筑前应清除干净。

(3) 熟悉施工图纸,了解设计要求,听取施工技术人员的技术交底。

(4) 根据设计要求,在砌筑部位放出石砌体的中心线及边线。

(5) 复核各部位的原有标高,如有高低不平,应用细石混凝土填平。

(6) 按石砌体的每皮高度及灰缝厚度等制作皮数杆,皮数杆立于基础的转角及交接处。在皮数杆之间拉准线,依据准线逐皮砌石。

四、料石基础的组砌形式

料石基础的组砌形式主要有丁顺叠砌和丁顺组砌两种。

1. 丁顺叠砌形式

丁顺叠砌形式是一皮顺石与一皮丁石相隔叠放砌筑,上下皮竖缝相互错开 1/2 石宽。一般先丁后顺,如图 4-7(a)所示。

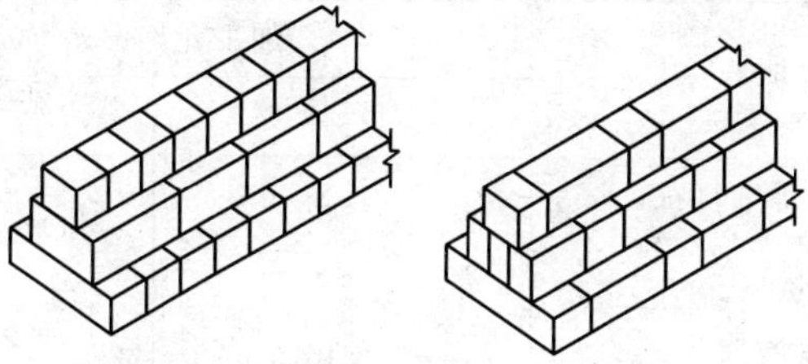

(a) 丁顺叠砌　　(b) 丁顺组砌

图 4-7　料石基础的组砌形式

2. 丁顺组砌形式

丁顺组砌形式是指同皮内 1~3 块顺石与一块丁石相隔交替砌筑。

丁石长度为基础厚度，顺石厚度一般为基础厚度的1/3。丁石中距不大于2 m，上下丁石应坐中于下皮顺石上，上下皮竖向缝相互错开至少1/2石宽，如图4－7(b)所示。

五、砌筑技术要求

(1) 料石砌体用的料石，按其加工面的平整程度分为细料石、半细料石、粗料石和毛料石四种，料石各面的加工要求，如表4－1所示。

(2) 各种砌筑用料石的宽度、厚度均不宜小于200 mm，长度不宜大于厚度的4倍。料石加工的允许偏差如表4－2所示。

表4－1 料石各面的加工要求

料石种类	外露面及相接周边的表面凹入深度	叠砌和接砌面的表面凹入深度
细料石	不大于2 mm	不大于10 mm
半细料石	不大于10 mm	不大于15 mm
粗料石	不大于20 mm	不大于20 mm
毛料石	稍加修整	不大于25 mm

注：① 相接周边的表面是指叠砌面、接砌面与外露面相接处20～30 mm范围内的部分；
② 如设计对外露面有特殊要求，应按设计要求加工。

表4－2 料石加工允许偏差

料石种类	加工允许偏差/mm	
	宽度、厚度	长度
细料石、半细料石	±3	±5
粗料石	±5	±7
毛料石	±10	±15

注：如设计有特殊要求，应按设计要求加工。

(3) 料石砌体的灰缝厚度，应按料石的种类确定：细料石砌体不宜大于5 mm，半细料石砌体不宜大于10 mm，粗料石和毛料石不宜大于20 mm。

(4) 砌筑料石砌体时,料石应放置平稳。砂浆铺设厚度应略高于规定厚度,其高出厚度:细料石、半细料石宜为 3 ~ 5 mm,粗料石、毛料石宜为 6 ~ 8 mm。

(5) 料石基础砌体的第一皮应用丁砌层坐浆砌筑。阶梯形料石基础,上级阶梯料石应至少压砌下级阶梯 1/3。

(6) 料石砌体应上下错缝搭砌。砌体厚度等于或大于两块料石宽度时,如同皮内全部采用顺砌,每砌两皮后,应砌一皮丁砌层;如同皮内采用丁顺组砌,丁砌石应交错设置,其中心间距不应大于 2 m。

第六节　应注意的常见问题和质量预控

1. 砂浆强度不稳定

影响砂浆强度的因素是计量不准、原材料质量变动、塑化材料的稠度不准而影响到渗入量、外加剂渗入量不准确、砂浆试块的制作和养护方式不当等。

应进行的控制是:加强原材料的进场验收,不合格或质量较差的材料进场后要立即采取相应的技术措施,对计量器具进行检测,并对计量工作派专人监控。调整搅拌砂浆时的加料顺序,使砂浆搅拌均匀,对砂浆试块应有专人负责制作和养护。

2. 基顶标高不准

由于基底或垫层标高不准,钉好皮数杆后又没有用细石混凝土找平偏差较大的部位,在砌筑时,两角的人没有通好气,造成两端错层,砌成螺丝墙,或者小皮数杆设置得过于偏离中心,基础收台阶结束后,小皮数杆远离基础墙,失去实用意义。所以在操作时必须按要求用细石混凝土找平,撂底时要撂平。小皮数杆应用 20 mm 见方的小木条制作,一则可以砌在基础内,二则也具有一定刚度,可避免变形。基础开砌前,要用水准仪复核小皮数杆的标高,防止因皮数杆不平而造成基顶不平。

3. 基础墙身位移过大

基础墙身位移过大的主要原因是大放脚两边收退不均匀,或者砌筑墙身时未拉线找出正墙的轴线和边线，或者砌筑时墙身垂直偏差过大。

解决此质量问题的操作要求如下：大放脚两边收退应用尺量收退，使其收退均匀，不得采用目测和砖块比量的方法。基础收退到正墙时必须复核准线后砌筑，正墙还应经常对墙身垂直度进行检查，要求盘头角时每5皮砖吊线检查一次，以保证墙身垂直度。

4. 墙面平整度偏差过大

墙面平整度偏差过大的主要原因是一砖半以上的墙体未双面挂线砌筑，砖墙挂线时跳皮挂线，另外还有舌头灰未刮清和毛石表面不平整所致。

其操作要点是：砖墙砌筑挂线时，应做到每一线都挂线，而不应该隔一线再挂线；一砖半以上墙必须双面挂线。砌筑还要随砌随清舌头灰，做到砖墙不碰线砌筑。对表面不平的毛石面应砌筑前修正，避免凹进凸出。

5. 基础墙交圈不平

基础墙交圈不平的主要原因有：抄平时出现误差，皮数杆木桩不牢固、松动，皮数杆立好后水平标高的复验工作不够，皮数杆不平引起基础交圈不平或者扭曲。

要解决好这个质量问题，操作时应在每个皮数杆的位置上抄好水平，立皮数杆的木桩应牢固、无松动，并且立好的皮数杆应全部复核检查符合后才可使用。

6. 留槎与接槎的操作要求

基础砌体的转角处和交接处应同时砌筑，因此在基础大放脚摆底时应尽量安排使内外墙体同时砌筑。对不能同时砌筑而又必须留置的临时间断处留斜槎确有困难时，除转角外也留直槎，但必须做成阳槎，并加设拉结筋。拉结筋加设应符合施工规范要求和抗震规范要求。

7. 水平灰缝高低和厚薄不匀

这一问题主要反映在砖基础大放脚砌筑上，要防止水平灰缝高低和厚薄不匀问题产生，应做到盘角时灰缝均匀，每层砖要与皮数杆对平。砌筑时要左右照顾，线要收紧，挂线过长时中间应进行腰线，使挂线平直。

8. 埋入件和拉结筋位置不准

主要原因是没有按设计规定施工,小皮数杆上没有标志。因此,砌筑前要询问是否有埋入件,是否有预留的孔洞,并搞清楚位置和标高。砌筑过程要加强检查。

9. 基础防潮层失效

防潮层施工后出现开裂、起壳甚至脱落,以致不能有效地起到防潮作用,造成这种情况的原因是抹防潮层前没有做好基层清理,因碰撞而松动的砖没补砌好,砂浆搅拌不均匀或未做抹压,防水剂渗入量超过规定等。

防止办法是应将防潮层作为一项独立的工序来完成。基层必须清理干净和浇水湿润。对于松动的砖,必须凿除灰缝砂浆,重新补砌牢固。防潮层收水后要抹压,如果以地圈梁代替防潮层,除了要加强振捣外,还应在混凝土收水后抹压。砂浆的拌制必须均匀。当掺加粉状防水剂时必须先调成糊状后加入,渗入量应准确,如用干料直接渗入,可能造成结团或防水剂漂浮在砂浆表面而影响砂浆的均匀性。

第七节　砖石基础的质量标准和安全要求

一、砖基础质量标准

(一) 主控项目

(1) 砖的品种、强度等级必须符合设计要求,并应规格一致。

(2) 砂浆的品种必须符合设计要求,强度必须符合下列规定:

① 同一验收批砂浆试块的平均抗压强度必须大于或等于设计强度;

② 同一验收批砂浆试块抗压强度最小的一组平均值必须大于或等于设计强度的 0.75 倍;

③ 砌体砂浆必须密实饱满,实心砌体水平灰缝的砂浆饱满度不小于 80%;

④ 外墙的转角处严禁留直槎，其他的临时间断处，留槎的做法必须符合施工验收规范的规定。

（二）一般项目

（1）砌体上下错缝；每间(处)3～5 m的通缝不超过3处；混水墙中长度大于等于300 mm的通缝每间不超过3处，且不得在同一墙面上。

（2）砌体接槎处灰浆密实，缝、砖平直。水平灰缝厚度应为10 mm，不小于8 mm，也不应大于12 mm。

（3）拉结筋的数量、长度均应符合设计要求和施工验收规范规定。

（4）构造柱位置留置应正确，大马牙槎要先退后进，残留砂浆要清理干净。

（5）允许偏差项目：

① 轴线位置偏移　用经纬仪或拉线检查，其偏差不得超过10 mm。

② 基础顶面标高　用水准仪和尺量检查，其偏差不得超过±15 mm。

③ 预留构造柱的截面　用尺量检验，允许偏差不得超过±15 mm。

④ 表面平整度和水平灰缝平直度均应符合要求。

二、石材基础质量标准

（一）主控项目

（1）石料的质量、规格必须符合设计要求和施工验收规范规定。

（2）砂浆品种必须符合设计要求，强度要求与对基础的规定相同。

（3）转角处必须同时砌筑，交接处不能同时砌筑时必须留斜槎，留槎高度以每处1 m为宜，一次到顶的留槎是不允许的。

（二）一般项目

（1）基础和墙砌体顶面标高不超过±25 mm；

（2）砌体厚度不超过+30 mm或－10 mm。

三、安全注意事项

除了应遵守建筑工地常规安全要求外，还必须做到以下几点：

1. 对基槽、基坑的要求

基槽、基坑应视土质和开挖深度留设边坡，如因场地小，不能留设足够的边坡，则应支撑加固。基础摆底前还必须检查基槽或基坑，如有塌方等现象或支撑不牢固，要采取可靠措施后再进行工作。工作过程中要随时观察周围土壤情况，发现裂缝或其他不正常情况时，应立即离开危险地点，采取必要措施后才能继续工作。基槽外侧 1 m 以内严禁堆物。人进入基槽工作应有上下设施（踏步或梯子）。

2. 材料运输

搬运石料时，必须起落平稳，两人抬运应步调一致，不准随意乱堆。

向基槽内运送石料或砖块，应尽量采取滑槽，上下工作要相互联系，以免砸伤人或损坏墙基或土壁支撑。

当搭跳板（又称铺道）或搭设运输通道运送材料时，要随时观察基槽（坑）内操作人员，以防砖块等掉落伤人。

3. 取石

在石堆上取石，不准从下掏挖，必须自上而下进行，以防倒塌。

4. 基槽积水的排除

当基槽内有积水，需要边砌筑边排水时，要注意安全用电，水渠应用专用闸刀和触电保护器，并指派专人监护。

5. 雨雪天的要求

雨雪天应注意做好防滑工作，特别是上下基槽的设施和基槽上的跳板要钉好防滑条。

想一想

1. 砖石基础砌筑前对基层如何进行处理？

2. 砖基础砌筑的工艺及操作要点有哪些？

3. 怎样做好砖基础的盘角和收退工作？

4. 砖基础砌筑中应注意哪几个质量问题？怎样防止？

5. 基础砌筑过程中应注意哪几个方面的安全问题？

练 一 练

1. 训练项目:砖基础的砌筑练习。

2. 训练目的:了解砖基础大放脚的组砌方法,掌握砖基础的砌筑要点。

3. 训练时间:每一训练内容各 4 h,共 12 h。

4. 训练内容:

(1) 完成一砖墙身六皮三收及六皮四收的基础大放脚的砌筑练习;

(2) 完成一砖墙身附一砖半砖垛四皮两收的大放脚的砌筑练习;

(3) 完成一砖方柱六皮三收大放脚的砌筑练习。

第五章　砌块墙砌筑

相关知识：1. 砌块墙的工艺知识和操作要点；

2. 砌块墙的质量标准。

技能要求：能正确组砌砌块墙。

第一节　小型砌块砌体构造

普通混凝土小型砌块可以用于砌筑基础、墙体等。

轻集料混凝土小型砌块可以用于砌筑隔墙或填充墙。

混凝土小砌块基础一般做成阶梯形，每砌 1 皮或 2 皮砌块收进一次，每边收进 1/2 砌块宽，如图 5－1 所示。

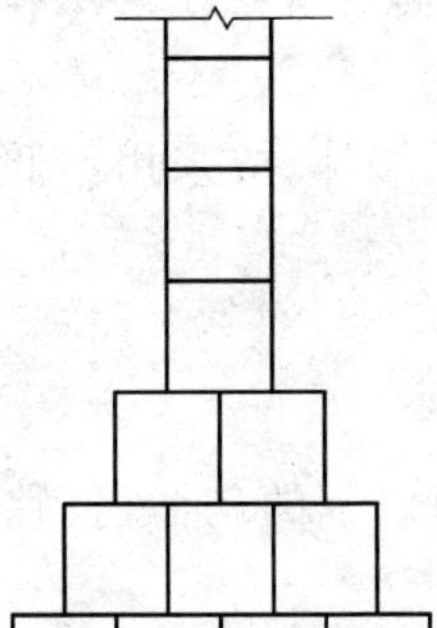

图 5－1　混凝土小砌块基础

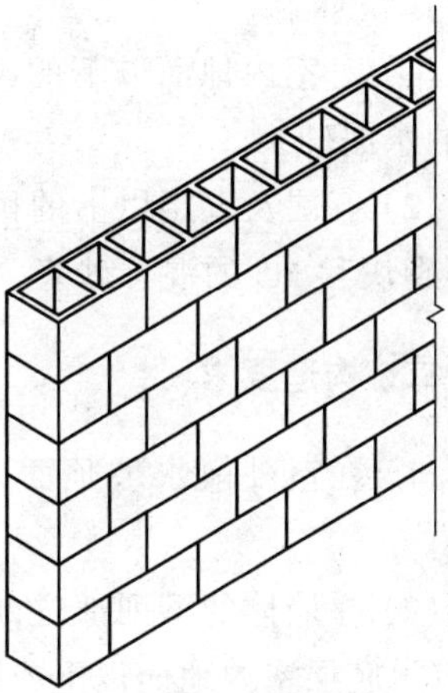

图 5－2　混凝土小砌块墙

混凝土小砌块墙一般采用全顺式砌法，上下两皮砌块竖向灰缝相互错开 1/2 砌块长，墙的厚度等于砌块宽度，如图 5－2 所示。

复合夹芯墙的里侧用主规格小砌块,外侧用辅助规格小砌块(390 mm×90 mm×190 mm),两侧小砌块间用拉结筋拉结。拉结筋的配置,每 0.24 m^2 设置 1 根 Φ 4 环形筋,水平间距不大于 800 mm,竖向间距不大于 600 mm,梅花形布置。两侧砌块间填充保温材料,如图 5-3 所示。

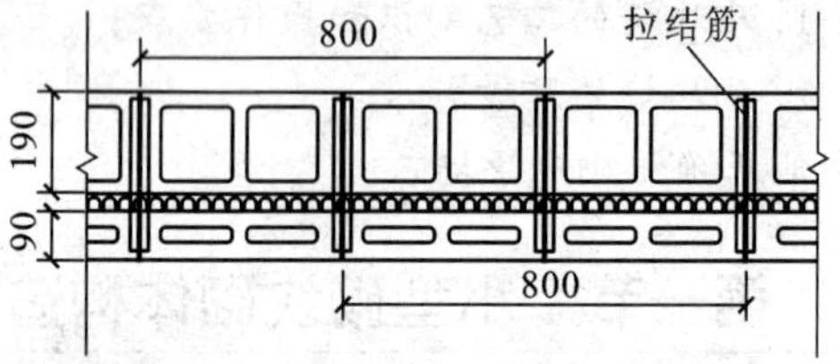

图 5-3 混凝土小砌块复合夹芯墙

一、材料要求

一般砌体所用的材料,除满足强度计算要求外,尚应符合下列要求:

(1) 对室内地面以下的砌体,应采用普通混凝土小砌块和不低于 M5 的水泥砂浆。

(2) 五层及五层以上的民用房屋的底层墙体,应采用不低于 MU5 的小砌块和 M5 的混合砂浆。

二、构造要求

(1) 在室外散水坡顶面以上,室内地面以下的砌体内,宜设置防潮层。

(2) 在墙体的下列部位,应采用 C15 混凝土灌实砌体的孔洞:

① 底层室内地面以下或防潮层以下的砌体。

② 无圈梁的楼板支承面下的一皮砌块。

③ 没有设置混凝土垫块的次梁支承处,灌实宽度不应小于 600 mm,高度不应小于 1 皮砌块。

④ 挑梁的悬挑长度不小于 1.2 m 时,其支承部位的内外墙交接

处，纵横各灌实 3 个孔洞，灌实高度不小于 3 皮砌块。

(3) 跨度大于 4.2 m 的梁，其支承面下应设置混凝土或钢筋混凝土垫块，当墙中设有圈梁时，垫块宜与圈梁浇成整体。

当大梁跨度不小于 4.8 m，且墙厚为 190 mm 时，其支承处宜加设壁柱。

(4) 后砌隔墙和填充墙，沿墙高每隔 600 mm 应与承重墙或柱内预留的钢筋网片或 2 φ 6 钢筋拉结，钢筋伸入墙内的长度不应小于 600 mm，如图 5－4 所示。

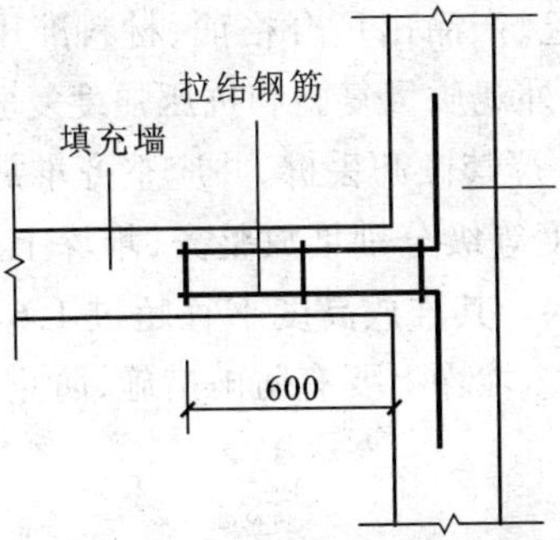

图 5－4　后砌墙与承重墙拉结

(5) 预制钢筋混凝土板在墙上或圈梁上支承长度不应小于 80 mm；当支承长度不足时，应采取有效的锚固措施。

(6) 山墙处的壁柱，宜砌至山墙顶部。在风压较大的地区，檩条应与山墙锚固，屋盖不宜挑出山墙。

(7) 墙体宜作双面抹灰，室外勒脚处应作水泥砂浆抹灰。

(8) 处于潮湿环境的轻集料混凝土小砌块墙体，墙面应采用水泥砂浆粉刷等有效的防潮措施。

(9) 寒冷地区，房屋的外墙采用轻集料混凝土小砌块时，在圈梁、过梁、芯柱及其他外墙保温性能受到削弱的部位，应采用轻集料混凝土或其他有效保温构造措施。

第二节 小砌块施工

一、施工准备

1. 砌块进场验收及堆放

(1) 小砌块出厂和进入施工现场,应按有关国家标准进行验收。

验收项目包括小砌块的等级、标记、相对含水率、抗渗性、抗冻性等指标,以及小砌块的检验、产品出厂合格证、材料准用证等。应对进场的小砌块随机抽样进行外观质量复验和抗压强度复验。

(2) 装卸小砌块时,严禁倾卸丢掷,并应整齐堆放。到现场的小砌块,应按不同规格和强度等级分别堆放整齐,堆垛上应设标志,堆放场地必须平整,并做好排水。其堆放高度不宜超过 1.6 m,堆垛之间应保留一定宽度的运输通道。堆垛上要有防雨措施,防止砌块受潮,砌筑后易引起墙体收缩开裂。

2. 施工放线准备

(1) 基础施工前,应用钢尺校核房屋的放线尺寸,其允许偏差不应超过表 5-1 的规定,并按照设计图纸的要求弹好墙体轴线、中心线或墙体边线。

表 5-1 放线尺寸的允许偏差

长度 L(或宽度 B)/m	允许偏差/mm	长度 L(或宽度 B)/m	允许偏差/mm
L(或 B)≤30	±5	60<L(或 B)≤90	±15
30<L(或 B)≤60	±10	90≤L(或 B)	±20

(2) 砌筑前应根据设计图纸,绘制墙体砌块排列图,计算出各种不同规格砌块的数量,如图 5-5 所示。

(3) 砌筑前应根据排列图画出并制作皮数杆,杆上注明砌块的高度、皮数、灰缝厚度及门窗洞口高度,并将皮数杆竖立于墙的转角处和交接处。皮数杆的间距宜小于 15 m。

3. 材料准备

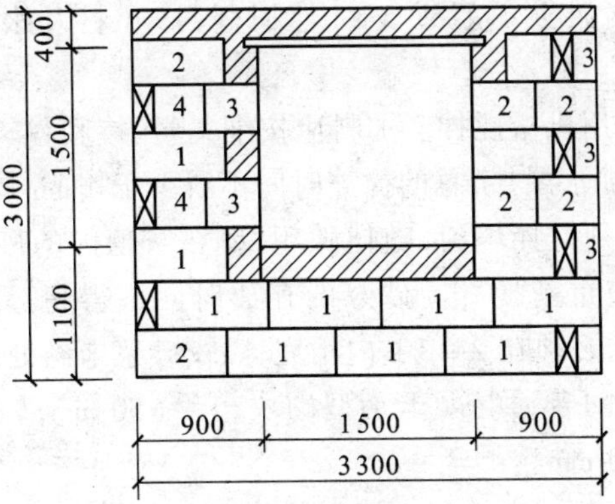

图 5-5　小砌块墙体面排列图

(1) 小砌块的准备和要求：

① 砌块应按排列图的规格、数量、要求，运至每道墙的脚手架上。

② 严禁使用断裂砌块和壁肋中有凹形裂纹的砌块，且不得与粘土砖或其他材质的块体混合砌筑。

③ 龄期不足 28 d 及潮湿的小砌块，不得进行砌筑。

④ 严禁对砌块进行浇水、浸水湿润，当天气干热时，可稍微喷水湿润，并有防水、排水措施。轻集料混凝土空心砌块，宜提前 2 d 以上适当浇水湿润。

⑤ 应尽量使用主规格的小砌块，小砌块的强度等级应符合设计要求。

⑥ 应清除小砌块表面污物和芯柱用小砌块孔洞底部的毛边。

芯柱必须保证 120 mm × 120 mm 的孔洞尺寸，多用半封底砌块，砌筑时应将芯柱的飞边打掉，并清除砌块表面的污物和毛边，以保证孔洞贯通。

(2) 砌筑砂浆的准备和要求：

① 小砌块的砌筑砂浆宜用水泥混合砂浆。由胶结料、细集料、水、掺加料和外加剂按一定比例配制而成。

② 配置砂浆的水泥应优先采用 32.5 级或 42.5 级的水泥，出厂日期超过三个月时，应进行复试，并按实验结果使用；砂宜选用中砂，应过

筛,并应控制含泥量不超过5%,外加剂、掺和料及水均应符合有关规定。

③ 砂浆应用机械搅拌。加料应按细集料、掺和料、水泥的顺序,先干拌1 min,再加水湿拌,总的搅拌时间不得少于4 min。

④ 砂浆必须搅拌均匀,随拌随用,盛在灰槽内的砂浆如有泌水现象时,砌筑前应重新搅拌。砂浆的存放时间不得超过4 h,天气炎热(30 ℃以上)时,必须在2~3 h内用完,隔夜砂浆未经处理不得使用。

砂浆稠度,对普通混凝土小型砌块,宜为50 mm;轻集料混凝土小型砌块,宜为70 mm。

⑤ 施工过程中,砌筑每一楼层墙体或250 m^3 砌体,每一种强度等级的砂浆至少制作两组(每组6个)试块,试块尺寸为70.7 mm×70.7 mm×70.7 mm,经28 d的标准养护,进行抗压强度试验。

4. 技术交底

在小砌块砌体工程施工前,应将施工组织设计及小砌块建筑的特点、墙体排块图、砌筑砂浆、芯柱混凝土、墙体构造技术要求、施工方法、质量标准、检验方法等施工问题向施工人员、工长、质检员、材料员等有关人员进行全面的技术交底,并对施工的工人进行2~3 d的技术培训,使之掌握施工规程和操作方法。

5. 小砌块和砌筑砂浆的运输

小砌块的重量比较大,故应将小砌块从堆放场地直接运输到工人操作地点,一般将小砌块堆放在托盘上,用塔吊、轮胎吊、井架长扒杆、独立长臂扒杆等,直接运送到操作地点。

6. 劳动组织

小砌块砌体工程施工劳动组织有以下几种形式:

(1) 按砖砌体工程施工劳动组织形式。主导工种是瓦工,配有木工、钢筋工、吊装工、架子工等组成混合施工队进行分段流水施工。主导工序是砌墙。

(2) 组织混合班组。以瓦工为主导工序和主导工种,再配备其他工人组成混凝土班组来完成其他工序的施工。例如,某建筑施工单位,安排32个人组成两个混凝土班组,每组16人,砌筑进度为4 d一层,第一天砌墙，第二天浇筑芯柱和圈梁，第三天做墙体内抹灰，第四天吊装楼板。

(3) 用塔吊组织专业施工队。如某 12 层小砌块住宅施工，以一台轻型塔吊为中心，由 19 名瓦工、3 名木工、1 名架子工、1 名电焊工、2 名工长、1 位材料员组成施工专业队，每 1 m^2 墙体按 4 工一日考虑，取得了良好的施工效果。

二、砌筑要求及规定

1. 基础砌筑

(1) 底层室内地面以下或防潮层以下的小砌块砌体的孔洞应用 C15 的细石混凝土灌实；芯柱或孔洞中的插筋应安放就位，不得遗漏。

(2) 基础墙上部的钢筋混凝土地梁施工。基础墙施工到地梁标高处，应找平、验线、支模、绑钢筋、浇筑混凝土。在浇筑混凝土前，应安置好地梁上的预埋插筋，并与上部小砌块芯孔中插筋相连接，地梁上表面应做好刚性防潮层。

(3) 进行基础及基础墙的隐蔽工程验收。

(4) 砌完基础后，应由两侧同时填土，并分层夯实，当其两侧的填土高度不等或只能在一侧填土时(如地下室外墙等)，其填土时间、施工方法、施工顺序应保证砌体不致破坏或变形。

2. 墙体砌筑

(1) 砌筑墙体时，应遵守下列基本规定：

① 龄期不足 28 d 及潮湿的小砌块不得进行砌筑。

② 应在房屋四角或楼梯间转角处设立皮数杆，皮数杆间距不宜超过 15 m。

③ 应尽量采用主规格小砌块，小砌块的强度等级应符合设计要求，并应清除小砌块表面污物和芯柱用小砌块孔洞底部的毛边。

④ 从转角或定位处开始，内外墙同时砌筑，纵横墙交错搭接；外墙转角处严禁留直槎，宜从两个方向同时砌筑；墙体临时间断处应砌成斜槎，斜槎长度不应小于高度的 2/3(一般按一步脚手架高度控制)；如留斜槎有困难，除外墙转角处及抗震设防地区、墙体临时间断处不应留直槎外，

可从墙面伸出 200 mm 砌成阴阳槎，并沿墙高每三皮砌块(600 mm)，设拉结筋或钢筋网片。接槎部位宜延至门窗洞口，如图 5－6 所示。

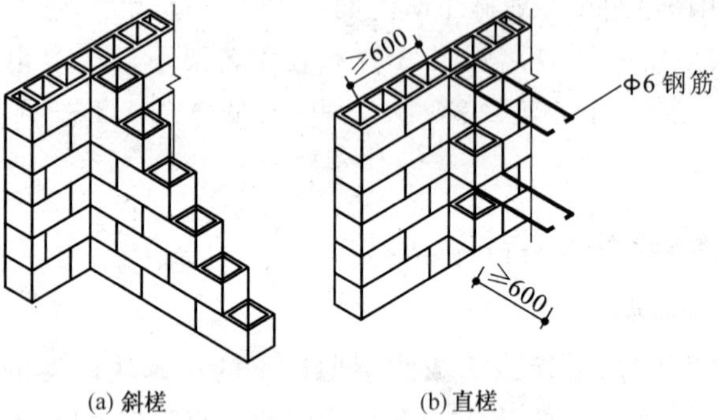

图 5－6　小砌块墙体接槎

⑤ 应对孔错缝搭砌。个别情况当无法对孔砌筑时，普通混凝土小砌块的搭接长度不应小于 90 mm，轻集料混凝土小砌块不应小于 120 mm；当不能保证此规定时，应在灰缝中设置拉结钢筋或网片，如图 5－7 所示。

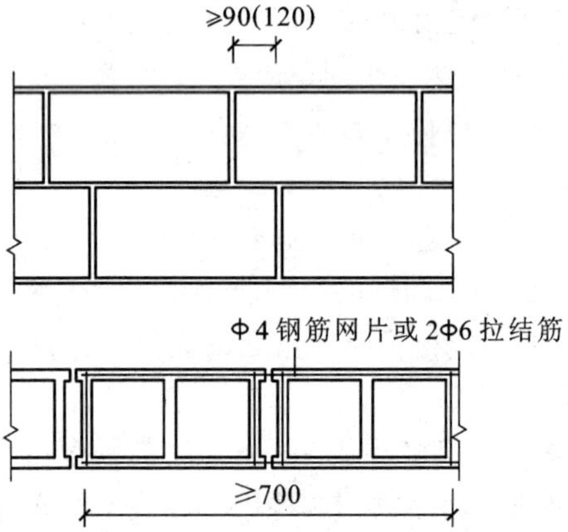

图 5－7　空心砌块墙体灰缝中
拉结钢筋或网片设置

⑥ 承重墙体不得采用小砌块与粘土砖等其他块体材料混合砌筑。

⑦ 严禁使用断裂小砌块或壁肋中有竖向凹形裂缝的小砌块砌筑承重墙体。

(2) 砌体的灰缝应符合下列规定：

① 砌体灰缝应横平竖直，全部灰缝均应铺填砂浆；水平灰缝的砂浆饱满度不得低于90%；竖缝的砂浆饱满度不得低于80%；砌筑中不得出现瞎缝、透明缝；砌筑砂浆强度未达到设计要求的70%时，不得拆除过梁底部的模板。

② 砌体的水平灰缝厚度和竖直灰缝宽度应控制在8～12 mm，砌筑时的铺灰长度不得超过800 mm；严禁用水冲浆灌缝。

③ 当缺少辅助规格小砌块时，墙体通缝不应超过两皮砌块。

④ 清水墙面，应随砌随勾缝，并要求光滑、密实、平整。

⑤ 拉结钢筋或网片必须放置于灰缝和芯柱内，不得漏放，其外露部分不得随意弯折。

(3) 需要移动已砌好砌体的小砌块或被撞动的小砌块时，应重新铺浆砌筑。

(4) 小砌块用于框架填充墙时，应与框架中预埋的拉结筋连接，当填充墙砌至顶面最后一皮，与上部结构的接触宜用实心小砌块斜砌楔紧。

(5) 对设计规定的洞口、管道、沟槽和预埋件等，应在砌筑时预留或预埋，严禁在砌好的墙体上打凿。在小砌块墙体中不得预留水平沟槽。

(6) 基础防潮层的顶面，应将污物泥土除净后，方能砌筑上面的砌体。

(7) 砌体内不宜设脚手眼，如必须设置时，可用190 mm×190 mm×190 mm小砌块侧砌，利用其孔洞作脚手眼，砌体完工后用C15混凝土填实。但在墙体下列部位不得设置脚手眼：

① 过梁上部，与过梁成60°角的三角形及过梁跨度1/2范围内；

② 宽度不大于800 mm的窗间墙；

③ 梁和梁垫下及其左右各500 mm的范围内；

④ 门窗洞口两侧200 mm内和墙体交接处400 mm的范围内；

⑤ 设计规定不允许设脚手眼的部位。

(8) 对墙体表面的平整度、灰缝的厚度和饱满度应随时检查，校正偏差。在砌完每一楼层后，应校核墙体的轴线尺寸标高，允许范围内的轴线及标高的偏差，可在楼板面上予以校正。

(9) 砌体相临工作段的高度差不得大于一个楼层或 4 m。

(10) 伸缩缝、沉降缝、防震缝中夹杂的落灰与杂物应清除。

(11) 雨季施工应有防雨措施；雨后继续施工，应复核墙体的垂直度。

(12) 安装预制梁板时，必须坐浆垫平。

(13) 施工中需要在砌体中设置的临时施工洞口，其侧边离交接处的墙面不应小于 600 mm，并在顶部设过梁；填砌施工洞口的砌筑砂浆强度等级应提高一级。

(14) 砌筑高度应根据气温、风压、墙体部位及小砌块材质等不同情况分别控制。常温条件下的日砌筑高度，普通混凝土小砌块控制在 1.8 m 内，轻集料混凝土小砌块控制在 2.4 m 内。

三、砌筑操作方法

小砌块墙体的砌筑施工要求已如前述，其操作方法简述如下：

1. 立皮数杆

在房屋四角、楼梯间四角设立皮数杆。

2. 弹线

对基础墙顶面及楼地面的标高、墙身边线、门窗洞口尺寸线，进行测量及弹线，并按砌块排列图放出分块线。

3. 排砌块(摞底)

根据轴线尺寸、砌块尺寸干排砌块。

4. 砌筑墙角或定位砌块

墙角每一皮砌块都要用 1.2 m 专用水平尺检查平整度，采用皮数杆确定每皮砌块顶部位置。

5. 挂线

以墙角砌块为标准，拉小线作为同皮砌块的水平依据。

6. 铺灰

砌筑时铺灰长度不得超过 800 mm，严禁用水冲浆灌缝。当缺少辅助规格的小砌块时，墙体通缝不得超过两皮砌块。铺灰方法可有以下三种：

(1) 满铺法　将整个砌块水平面的壁肋及端部顶面全部铺浆，如图 5-8(a)所示；提刀灰铺竖缝砂浆，如图 5-8(b)所示；平铺顶面砂浆，即将砌块端面朝上排列平铺砂浆，如图 5-8(c)所示，然后将砌块端面与已砌砌块端面挤紧，该法较提刀灰铺砂浆易于操作。

(2) 壁铺法　在砌块壁上铺水平浆和沿端面两侧壁上抹砂浆，该法不易达到水平灰缝饱满度要求，如图 5-8(d)所示。

(3) 满铺-壁铺法　水平灰缝采用满铺法，竖缝用壁铺法，将(1)、(2)两法结合，铺灰效果较好。当砌块端面有凹槽时，凹槽处再灌入灰浆，将灰浆捣实，可使竖缝灰浆饱满度达到要求。

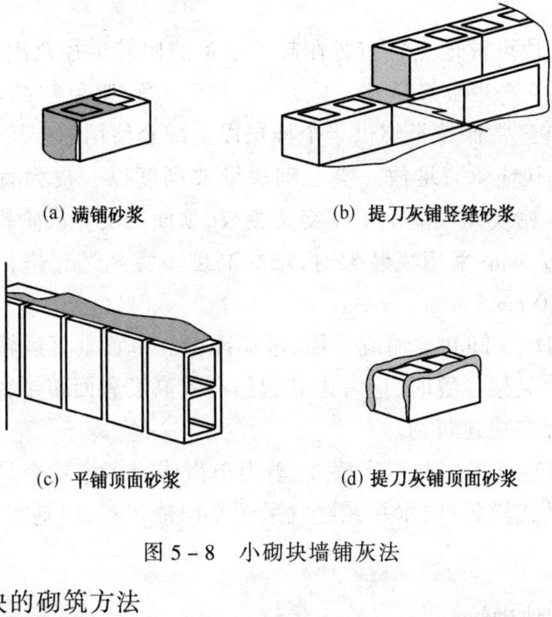

图 5-8　小砌块墙铺灰法

7. 砌块的砌筑方法

(1) 小砌块砌筑时，应对孔错缝搭砌。

(2) 小砌块要反砌，即使壁肋厚度大的面朝上，小面朝下，便于铺灰,且能增大上、下两皮砌块的接触面积,提高砌体抗剪强度。

(3) 墙体临时间断处,应留置斜槎。

(4) 随砌随检查墙体的砌筑质量,保证灰缝横平竖直,墙面平齐竖直,对墙体表面的平整度和垂直度,灰缝的厚度和饱满度应随时检查,校正偏差。每砌完一楼层后,应校核墙体的轴线尺寸和标高,允许范围内的偏差可在楼板面上予以校正。

第三节　中型砌块施工

中型砌块是指块高为 380 ~ 940 mm 的粉煤灰硅酸盐密实中型砌块(以下简称密实砌块)和混凝土空心中型砌块(以下简称空心砌块)。

下面对中型砌块的施工作简要介绍。

一、施工准备

(1) 砌块堆放地点宜布置在起重设备的回转半径范围内。堆放场地应压实、平整并做好排水。砌块应保持干净,避免粘结泥土、脏物。施工现场宜经常保持足够供半个楼层以上配套使用的砌块和构件。

(2) 砌块应垂直堆放。空心砌块堆放高度以一皮为宜,开口端应向下放置。密实砌块应上下皮交叉叠放,顶面两皮叠成阶梯形,堆置高度不宜超过 3 m;采用集装架时,堆垛高度不宜超过三格,集装架的净距不小于 20 cm。

(3) 砌块装卸和运输应平稳,避免冲击。布置垂直运输用塔吊、轻型塔吊或台灵架位置时,应考虑其起吊有效高度和回转半径,缆风绳应尽可能避开在建建筑物。

(4) 吊装可采用剪刀摩擦式、剪刀单齿式或多齿式夹具,灌垂直缝可采用工具式模板,铺水平灰缝宜采用平面铺灰器,切割密实砌块可用切割机。

二、砌块砌筑

(1) 砌块砌筑前,应在基础平面和楼层平面按砌块设计排列图,放出第一皮砌块的轴线、边线和洞口线，对于空心砌块还应放出分块线。

(2) 当设计无规定时，砌块排列应按下列原则：

① 尽量采用主规格砌块；

② 砌块应错缝搭砌，搭砌长度不得小于块高的三分之一，也不应小于 15 cm；

③ 纵横墙交接处，应交错搭砌；

④ 必须镶砖时，砖应分散布置。

(3) 在每一楼层或 250 m^3 砌体中，每种强度等级的砂浆或细石混凝土应至少制作一组试块(每组三块)。如砂浆或细石混凝土强度等级或配合比变更时，也应制作试块以便检查。现场砌筑砂浆须随拌随用，砂浆稠度以 50 ~ 70 mm 为宜。砌筑时，铺灰长度不宜过长，一般密实砌块不超过 30 ~ 50 mm，空心砌块不超过 20 ~ 30 mm。

(4) 砌筑前应清除砌块表面的污物及粘土，并对砌块作外观检查。砌筑砌块从转角处或定位砌块处开始，内外墙应同时砌筑，纵横墙交接处应交错搭砌，每个楼层砌筑完成后应复核标高，如有误差须找平校正。

(5) 砌块建筑在相临施工段之间或临时间断处的高度差不超过一个楼层，并应留阶梯形斜槎。附墙垛应与墙体同时交错搭砌。

(6) 砌块砌筑应做到横平竖直，砌体表面平整清洁，砂浆饱满，灌缝密实，超过 30 mm 的垂直缝应用细石混凝土灌实，其强度等级不低于 C20。

(7) 设计规定的洞口、沟槽、管道和预埋构件等，一般应于砌筑时预留或预埋。空心砌块墙体不得打凿通长沟槽。

(8) 常温施工时，砌块及空心砌块的插筋孔应提前浇水湿润，湿润程度以砌块表面呈现水影为准。

(9) 当采用退榫法砌筑时，砌块就位时的榫面不得高出砂浆表面，内外墙面的榫孔不得贯通。

(10) 砌块就位并经校正平直、灌垂直缝后，随即进行水平和垂直缝的勒缝(原浆勾缝)，勒缝深度一般为 3 ~ 5 mm。灌垂直缝后的砌块不得碰撞或撬动，如发生移动，应重新铺砌。预制板、梁、圈梁安装时必须坐浆。

(11) 门窗框的固定必须牢靠,每边固定点不得少于三处。当窗宽小于 800 mm 时,每边固定点不得少于两处。

(12) 孔内插筋应自基础伸出,插筋连接必须保证搭接长度。应随砌随在孔内灌混凝土,每次灌孔高度应比砌块顶面低 100 mm 左右。

第四节　混凝土芯柱施工

一、混凝土芯柱的类型及作用

1. 类型

混凝土芯柱是指在小砌块墙体转角处和交接处的小砌块孔洞中浇灌混凝土形成上下贯通的小柱。在孔洞中不配置钢筋仅灌实混凝土时,称素混凝土芯柱;在孔洞中插入钢筋后浇灌混凝土时,称为钢筋混凝土芯柱。

2. 作用

芯柱可增强多层砌块房屋的整体性和延性,提高抗震性和防倒塌能力。

二、芯柱的设置范围

(1) 当无抗震设防要求时,芯柱的设置范围如下:

① 一般小砌块房屋,宜在外墙转角、楼梯间四角、纵横墙交接处的三个孔洞,设置素混凝土芯柱。

② 五层及五层以上的小砌块房屋,应在上述部位设置钢筋混凝土芯柱。

(2) 当有抗震设防要求时,芯柱的设置范围:

① 对有抗震设防要求的小砌块房屋,应按表 5 - 2 的要求设置钢筋混凝土芯柱。

② 对医院、教学楼等横墙较少的房屋,应根据房屋增加一层后的层数,按表 5 - 2 的要求设置芯柱。

③ 除按表 5－2 的要求设置芯柱外，应根据计算需要设置其他芯柱时，芯柱宜均匀布置，8 度设防的五层房屋，芯柱的最大间距不应超过 2.4 m。

表 5－2　小砌块房屋芯柱的设防要求

房屋层数			设防部位	设置数量
6度	7度	8度		
四、五	三、四	二、三	外墙转角，楼梯间四角，大房间内外墙交接处，隔 15 m 或单元横墙与外纵墙交接处	外墙转角，灌实 3 个孔；内外墙交楼处，灌实 4 个孔
六	五	四	外墙转角，楼梯间四角，大房间内外墙交接处，山墙与内纵墙交接处，隔开间横墙（轴线）与外纵墙交接处	
七	六	五	外墙转角，楼梯间四角，各内墙（轴线）与外墙交接处，8 度和 9 度时，内纵墙与横墙（轴线）交接处和洞口两侧	外墙转角，灌实 5 个孔；内外墙交楼处，灌实 4 个孔；内墙交接处灌实 4～5 个孔；洞口两侧各灌实 1 个孔
	七	六	同上；横墙内芯柱间距不宜大于 2 m	外墙转角，灌实 7 个孔；内外墙交楼处，灌实 5 个孔；内墙交接处灌实 4～5 个孔；洞口两侧各灌实 1 个孔

注：外墙转角、内外墙交接处、楼梯、楼梯间四角等部位，应允许采用钢筋混凝土构造柱替代部分芯柱。

三、芯柱的构造要求

（1）芯柱的混凝土强度等级不宜低于 C20，采用细石混凝土浇筑。

（2）芯柱的截面尺寸不宜小于 120 mm×120 mm。

(3) 芯柱所用插筋不应小于 1 Φ 12。

(4) 芯柱应伸入室外地坪以下 500 mm 或锚入浅于 500 mm 的基础圈梁内，顶部应与屋盖圈梁锚固。

(5) 芯柱应沿房屋全高贯通，并与各层圈梁整体现浇连接，竖向插筋不应小于 1 Φ 12；抗震设防烈度 7 度且建筑物超过五层时，抗震设防烈度 8 度且建筑物超过四层时和抗震设防烈度 9 度时，插筋不应小于 1 Φ 14。

(6) 芯柱与墙体应可靠连接。可采用直径 4 mm 的钢筋焊接网片沿墙高每隔 600 mm 设置一道，由水平灰缝每边伸入芯柱内。埋入墙内长度，每边不宜小于 1 000 mm，如图 5－9 所示。

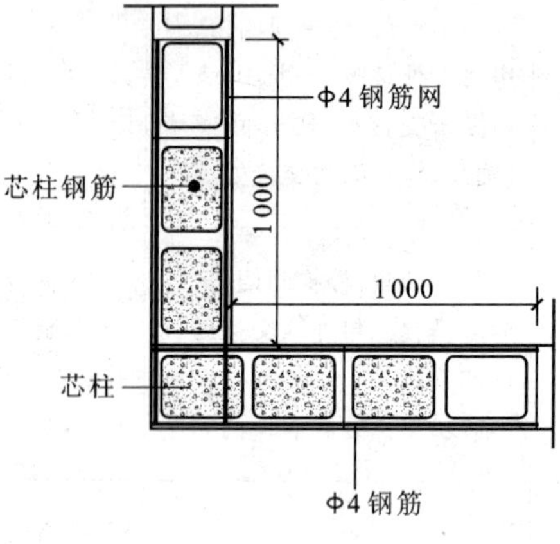

图 5－9　芯柱拉结钢筋网片设置

(7) 芯柱混凝土应贯通楼板，在预制楼盖处，不得削弱芯柱截面尺寸。当采用预制装配式钢筋混凝土楼板时，对 6～8 度设防的房屋，应优先采用适当设置现浇混凝土板带的方法，或采用图 5－10 的方式实施贯穿措施，应在预制板端头接缝处，位于圈梁上留出梯形槽，使芯柱穿过此槽，并与槽内 Φ 8 的水平钢筋绑牢，水平钢筋与预制板内外伸主筋拉结，然后在槽内灌实 C20 细石混凝土。

(8) 芯柱插筋应与基础或基础圈梁中的预埋钢筋绑扎或焊接连接；上下楼层的插筋可在楼板面上搭接，搭接长度不小于 40d（d 为插

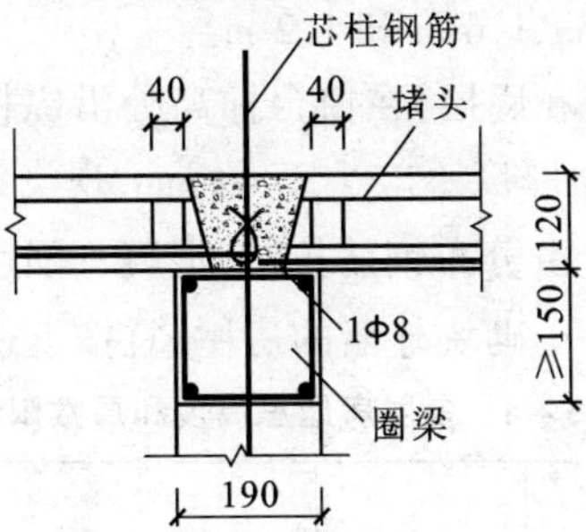

图 5-10　芯柱贯穿楼板构造

筋直径)。

对 6~8 度设防的房屋,为了提高墙体抗震能力,尚应满足下列构造措施:

① 房屋内均应设置现浇钢筋混凝土圈梁,不得采用槽形小砌块作模,并按表 5-3 的要求设置。

表 5-3　现浇钢筋混凝土圈梁设置要求

墙类	烈　度	
	6~7 度	8 度
外墙及内纵墙	屋盖处及每层楼盖处	屋盖处及每层楼盖处
内横墙	同上;屋盖处沿所有横墙,楼盖处间距不应大于 7 m;构造柱对应部位	同上;各层所有横墙

② 当按表 5-4 的规定需要增加一层房屋时,除应符合上述各条要求外,尚应按下列规定采取加强的构造措施:

a. 在纵横墙交接处和洞口两侧均应设置钢筋混凝土芯柱,其中外墙转角处,由灌实 5 个孔加强为灌实 7 个孔;内外墙交接处,由灌实 4 个孔,加强为 5 个孔,其中内墙应加强灌实 2 个孔;门、窗洞口两侧各灌实 1~2 个孔。当为 8 度设防时,按此要求设置芯柱,其插筋不应小于 1 ⌀ 16。

b. 在房屋的第一、第二层和顶层,6 度、7 度和 8 度时,芯柱最大净距分别不宜大于 2.0 m、1.6 m 和 1.2 m。

c. 对房屋的顶层和底层，在窗台标高处沿纵横墙应设置水平现浇钢筋混凝土带，混凝土厚度不应小于 40 mm，现浇钢筋混凝土带的钢筋不宜小于 2 Φ 8，且应由分布钢筋拉结，混凝土强度等级不应低于 C15。

d. 轻集料混凝土小砌块外墙的房屋，宜按上述加强措施执行。

表 5－4　多层房屋总高度和层数限值

砌块墙体类别	最小墙厚/m	烈度					
		6 度		7 度		8 度	
		高度/m	层数	高度/m	层数	高度/m	层数
普通混凝土小砌块	0.19	21	七	18	六	15	五
轻集料混凝土小砌块	0.19	18	六	15	五	12	四

注：① 将“设防烈度”简称“烈度”，烈度为 6 度、7 度、8 度。

② 将“房屋总高度”简称“高度”，指室外地面至檐口高度，半地下室可从地下室室内地面算起，全地下室可从室外地面算起。

③ 当房屋的层高不超过 3 m，并按照本条的规定采取加强构造措施后，层数可增加 1 层，但医院、教学楼等横墙较少的房屋不应增加。

四、替代芯柱的构造柱的构造要求

当小砌块房屋中用钢筋混凝土构造柱替代芯柱时，应符合下列构造要求。

（1）构造柱最小截面可采用 190 mm × 190 mm，纵向钢筋宜采用 4 Φ 12，箍筋间距不大于 250 mm，且在柱上下端宜适当加密；7 度时超过五层、8 度时超过四层和 9 度时，构造柱纵向钢筋宜采用 4 Φ 14，箍筋间距不应大于 200 mm；外墙转角的构造柱可适当加大截面及配筋。

（2）构造柱与砌块墙连接处应砌成马牙槎，与构造柱相邻的砌块孔洞，6 度时宜填实、7 度时应填实、8 度时应填实并插筋；沿墙高每隔 600 mm 应设拉结钢筋网片，每边伸入墙内不宜小于 1 m。

（3）构造柱与圈梁连接处，构造柱的纵筋应穿过圈梁，保证构造柱纵筋上下贯通。

(4) 构造柱可不单独设置基础，但应伸入室外地面下 500 mm，或与埋深小于 500 mm 的基础圈梁相连。

五、芯柱施工规定

芯柱混凝土施工工艺过程如下：

清除芯柱孔内杂物→放芯柱钢筋→在底部开口砌块绑扎钢筋，钢筋绑扎两个点→用水冲洗芯柱→封闭底部砌块的开口→孔底浇适量素水泥浆→定量浇筑芯柱混凝土→振捣芯柱混凝土。

芯柱施工应遵守下列规定：

(1) 芯柱部位宜采用不封底的通孔小砌块，当采用半封底小砌块时，砌筑前必须打掉孔洞毛边。

(2) 在楼(地)面砌筑第一皮小砌块时，在芯柱部位，应用开口砌块(或 U 形砌块)砌出操作孔，在操作孔侧面宜预留连通孔，必须清除芯柱孔洞内的杂物及削掉孔内凸出的砂浆，用水冲洗干净，校正钢筋位置并绑扎或焊接固定后，方可浇灌混凝土。

(3) 芯柱钢筋应与基础或基础梁中的预埋钢筋连接，上下楼层的钢筋可在楼板面上搭接，搭接长度不应小于 $40d$。

(4) 砌完一个楼层高度后，应连续浇灌芯柱混凝土。每浇灌 400～500 mm 高度捣实一次，或边浇注边捣实，严禁灌满一个楼层后再捣实。浇灌混凝土前，先注入适量水泥浆。宜采用机械捣实，混凝土坍落度不应小于 50 mm。

(5) 芯柱与圈梁应整体现浇，如采用槽形小砌块作圈梁模壳时，其底部必须留出芯柱通过的孔洞。

(6) 楼板在芯柱部位应留缺口，保证芯柱贯通。

(7) 砌筑砂浆必须达到一定强度后($f_2 \geq 1.0$ MPa)方可浇灌芯柱混凝土。

(8) 芯柱混凝土的拌制、运输、浇筑、养护、质量检查等方面的要求，应符合现行国家标准《混凝土结构工程施工质量验收规范》(GB 50204—2002)的要求。并应注意下列几点：

① 芯柱混凝土灌注时,应设专人检查,严格核实混凝土灌入量,认可后,方可继续施工。

② 芯柱混凝土应具有高流动度、低收缩性能;强度等级与砌块相匹配;采用强制式搅拌机拌制;原材料经试验符合规范规定的要求后,方可使用。

③ 混凝土拌和前,原材料应按质量计量,允许偏差不得超过表5-5规定。计量设备具有法定计量部门签发的有效合格证。

表 5-5 灌孔混凝土原材料计量允许偏差

原材料品种	水泥	集料	水	外加剂	掺和料
允许偏差/%	±2	±3	±2	±2	±2

第五节 混凝土小型空心砌块砌体工程质量标准

混凝土小型空心砌块砌体分项工程的验收应在检验批验收合格的基础上进行。检验批的确定可根据施工段划分。

混凝土小型空心砌块砌体工程检验批验收时,其主控项目应全部符合下列规定的各项内容;一般项目应在80%及以上的抽验处符合下列规定的各项内容,或偏差值在允许偏差范围以内。

一、一般规定

(1) 适用于普通混凝土小型空心砌块和轻集料混凝土小型空心砌块(以下简称小砌块)工程的施工质量验收。

(2) 施工时所用的小砌块的产品龄期不应小于28 d,且应符合下列规定:

① 砌筑小砌块时,应清除表面污物和芯柱用小砌块孔洞底部毛边,剔除外观质量不合格的小砌块。

② 施工时所用的砂浆,宜选用专用的小砌块砌筑砂浆。

③ 底层室内地面以下或防潮层以下的砌体,应采用强度等级不低于C20的混凝土灌实小砌块的孔洞。

④ 小砌块砌筑时,在天气干燥炎热的情况下,可提前洒水湿润小砌块;对轻集料混凝土小砌块,可提前浇水湿润。小砌块表面有浮水时,不得施工。

⑤ 承重墙体严禁使用断裂小砌块。

⑥ 小砌块墙体应对孔错缝搭砌,搭接长度不应小于 90 mm。墙体的个别部位不能满足上述要求时,应在灰缝中设置拉结钢筋或钢筋网片,但竖向通缝仍不得超过两皮小砌块。

⑦ 小砌块应底面朝上反砌于墙上。

⑧ 浇灌芯柱的混凝土,宜选用专用的小砌块灌孔混凝土,当采用普通混凝土时,其坍落度不应小于 90 mm。

⑨ 浇灌芯柱混凝土时,应遵守下列规定:

a. 清除孔洞内的砂浆等杂物,并用水冲洗。

b. 砌筑砂浆强度大于 1 MPa 时,方可浇灌芯柱混凝土。

c. 在浇灌芯柱混凝土前应注入适量与芯柱混凝土相同的去石水泥砂浆,再浇灌混凝土。

⑩ 需要移动砌体中的小砌块或小砌块被撞动时,应重新铺砌。

二、主控项目

(1) 小砌块和砂浆的强度等级必须符合设计要求。

抽检数量:每一生产厂家,每一万块小砌块至少应抽检一组。用于多层以上建筑基础和底层的小砌块抽检数量不应少于 2 组。

砂浆试块抽检数量:每一检验批且不超过 250 m^3 砌体的各种类型及强度等级的砌筑砂浆,每台搅拌机应至少抽检一次。

检验方法:查小砌块和砂浆试块实验报告。

(2) 砌体水平灰缝的砂浆饱满度,按净面积计算不得低于 90%;竖向灰缝饱满度不得小于 80%;竖向凹槽部位应用砌筑砂浆填实,不得出现瞎缝、透明缝。

抽检数量:每检查批不应少于 3 处。

抽检方法:用专用百格网检测小砌块与砂浆粘结痕迹,每处检测 3 块小砌块,取其平均值。

（3）墙体转角处和纵横墙交接处应同时砌筑。临时间断处应砌成斜槎，斜槎水平投影长度不应小于高度的2/3。

抽检数量：每检验批抽20%接槎，且不应少于5处。

检验方法：观察检查。

（4）砌体的轴线偏移和垂直度偏差应符合表5-6的规定。

表5-6　砌块墙的位置及垂直度允许偏差

项次	项目			允许偏差/mm	检验方法
1	轴线位置偏移			10	用经纬仪和尺检查或用其他测量仪器检查
2	垂直度	每层		5	用2 m托线板检查
		全高	≤10 mm	10	用经纬仪、吊线锤和尺检查，或用其他测量仪器检查
			>10 mm	20	

三、一般项目

（1）墙体的水平灰缝厚度和竖向灰缝宽度宜为10 mm，但不应大于12 mm，也不应小于8 mm。

抽检数量：每层楼的检测点不应少于3处。

抽检方法：用尺量5皮小砌块的高度和2 m砌体长度折算。

（2）小砌块墙体的一般尺寸允许偏差应符合表5-7的规定。

表5-7　小砌块墙体的一般尺寸允许偏差

项次	项目		允许偏差/mm	检验方法	抽检数量
1	基础顶面和楼面标高		±15	用水平仪和尺检查	不应少于5处
2	表面平整度	清水墙、柱	5	用2 m靠尺和楔形塞尺检查	有代表性自然间10%，但不应少于3间，每间不应少于2处
		混水墙、柱	8		

续表

项次	项目		允许偏差/mm	检验方法	抽检数量
3	门窗洞口高、宽（后塞口）		±5	用尺检查	检验批洞口的10%，且不应少于5处
4	外墙上下窗口偏移		20	以底层窗口为准，用经纬仪或吊线锤检查	检验批的10%，且不应少于5处
5	水平灰缝平直度	清水墙	7	拉10 m线和尺检查	有代表性自然间10%，但不应少于3间，每间不应少于2处
		混水墙	10		

四、混凝土小型空心砌块砌体工程检验批质量验收记录

为统一混凝土小型空心砌块砌体工程检验批质量验收记录用表，现列出表5-8，供质量验收采用。

表5-8 混凝土小型空心砌块砌体工程检验批质量验收记录

<table>
<tr><td>单位(子单位)工程名称</td><td colspan="3"></td></tr>
<tr><td>分部(子分部)工程名称</td><td></td><td>验收部分</td><td></td></tr>
<tr><td>施工单位</td><td></td><td>项目经理</td><td></td></tr>
<tr><td>施工执行标准名称及编号</td><td colspan="3"></td></tr>
<tr><td colspan="2">施工质量验收规范的规定</td><td>施工执行标准名称及编号</td><td>监理(建设)单位验收记录</td></tr>
</table>

续表

主控项目	1	小砌块强度等级	设计要求 MU		
	2	砂浆强度等级	设计要求 M		
	3	砌筑留槎	第 6.2.3 条		
	4	水平灰缝饱满度	≥90%		
	5	竖向灰缝饱满度	≥80%		
	6	轴线位移	≤10mm		
	7	垂直度(每层)	≤5mm		
一般项目	1	水平灰缝厚度 竖向宽度	8 ~ 12 mm		
	2	基础顶面和 楼面标高	± 15 mm		
	3	表面平整度	清水 5 mm 混水 8 mm		
	4	门窗洞口	± 5 mm		
	5	窗口偏移	20 mm		
	6	水平灰缝平直度	10 mm		

施工单位检查 评定结果	专业工长 (施工员)		施工 班组长	
	项目专业质量检查员: 年 月 日			
监理(建设)单位 验收结论	专业监理工程师: (建设单位项目专业技术负责人): 年 月 日			

注:本表摘自《砌体工程施工质量验收规范》(GB 50203—2002)。由施工项目专业质量检查员填写,监理工程师(建设单位项目专业技术负责人)组织项目专业质量(技术)负责人等进行验收。

想 一 想

1. 小型砌块墙的构造要求有哪些？

2. 简述小型砌块墙体的操作方法。

3. 中型砌块排列的原则是什么？

4. 简述芯柱的构造要求。

5. 芯柱施工应遵循哪些规定？

练 一 练

1. 训练项目：小型砌块墙的砌筑练习。

2. 训练目的：掌握砌块墙的砌筑方法。

3. 训练要求：进行小型砌块墙的砌筑练习。

4. 训练时间：4 h。

5. 训练内容：用石灰砂浆砌筑长 6 m，高度 2.4 m 的砌块墙，两个洞口为 1 200 mm×1 200 mm 的窗子，窗台高度为 900 mm。

每 5 人为一组，其中 3 人砌筑，2 人供料。

6. 操作评分（见表 5－9）：

表 5－9 小型砌块墙砌筑的评分标准

序号	评分项目	满分	检测点					得分
			1	2	3	4	5	
1	水平灰缝饱满度	≥90%						
2	竖向灰缝饱满度	≥80%						
3	轴线位移	≤10 mm						
4	垂直度（每层）	≤5 mm						
5	水平灰缝厚度竖向宽度	8～12 mm						
6	基础顶面和楼面标高	±15 mm						

续表

序号	评分项目	满分	检测点					得分
			1	2	3	4	5	
7	表面平整度	清水 5 mm						
		混水 8 mm						
8	门窗洞口	± 5 mm						
9	窗口偏移	20 mm						
10	水平灰缝平直度	10 mm						

第六章　毛石墙砌筑

相关知识：1. 毛石墙的构造和材料；

2. 毛石墙的砌筑工艺、操作要点、质量要求。

技能要求：能正确组砌毛石墙和勾抹墙缝。

第一节　毛石墙的组砌形式和砌筑方法

一、毛石墙的组砌形式

(一) 石料在毛石砌体中的名称

石料在毛石砌体中的名称如图 6－1 所示。

1. 石面

(1) 正面：面向操作者的面；

(2) 背面：背向操作者的面；

(3) 顶面：向上的面；

(4) 底面：朝下的面；

(5) 左侧面：位于操作者左手边的面；

(6) 右侧面：位于操作者右手边的面。

2. 灰缝

(1) 竖缝：上下向的灰缝；

(2) 横缝：水平向的灰缝。

3. 石层

砖砌体有“皮”的区别，石砌体称为层。料石砌体层次分明；毛石砌体很难分层，但要求隔一定高度砌成一个接近水平的层次。

石面、灰缝、石层如图 6－1(a)所示。

4. 顺石、丁石和面石

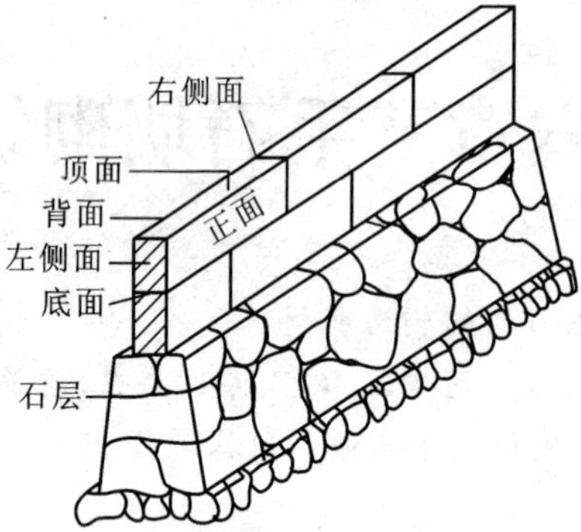

(a) 石面、灰缝、石层

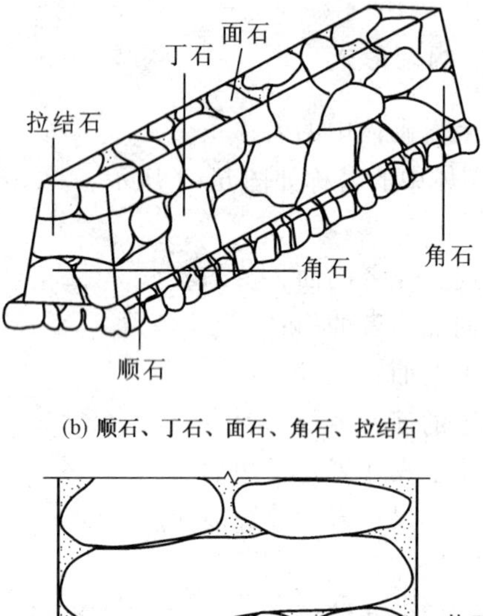

(b) 顺石、丁石、面石、角石、拉结石

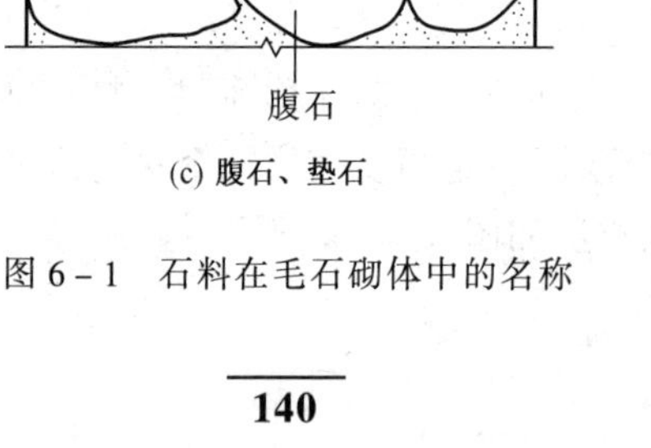

(c) 腹石、垫石

图 6－1　石料在毛石砌体中的名称

(1) 顺石:长边平行且外露于墙面的石料:

(2) 丁石:长边与墙面垂直且横砌露出侧面或端面的石料;

(3) 面石:露出石砌体的外层砌石。

5. 角石

角石(也称护角石)砌筑于石砌体的角隅处,要求至少有两个近于垂直的平整面,如图 6-1(b)所示。

6. 拉结石

长度贯穿于整个墙厚的 2/3 以上且具有一定厚度的横砌丁石,如图 6-1(b)所示。

7. 腹石、垫石

(1) 腹石:砌叠于面石和角石范围内的石块;

(2) 垫石:嵌填石块并使之平正的片石。

腹石和垫石如图 6-1(c)所示。

(二) 毛石砌筑时的选石

(1) 选石时,剔除风化石后,对过大的石块要用大锤砸开,使毛石的大小适宜(一般每块为 30 kg,一个人能双手抱起)。

(2) 充分利用毛石的两个大致平整的面。

(3) 根据砌筑部位槎口的形状和大小、墙面的缝式等要求,以目测的方法来选定合适的石块。

(三) 毛石墙的组砌形式

1. 丁顺分层组砌法

丁顺分层组砌法(采用条石和块石砌筑)指一层丁石与一层顺石互成 90 度重叠组砌而成。要求上一层石块应压过下一层石块长度或宽度的一半。同一层的接砌缝和上下层竖缝应相互错开,不能对缝,如图 6-2(a)所示。这种组砌方法主要适用于荷载较大的条形基础、独立基础和大型的条石、块石砌体。

2. 丁顺混合组砌法

丁顺混合组砌法(采用条石、块石、乱毛石混合砌筑)指每一层都以丁石或顺石连续组砌,其他空余部分以块石或乱毛石组砌而成。要求上一层的丁石应砌在下一层顺石长度的 1/2 或 1/3 处且上下层砌缝错

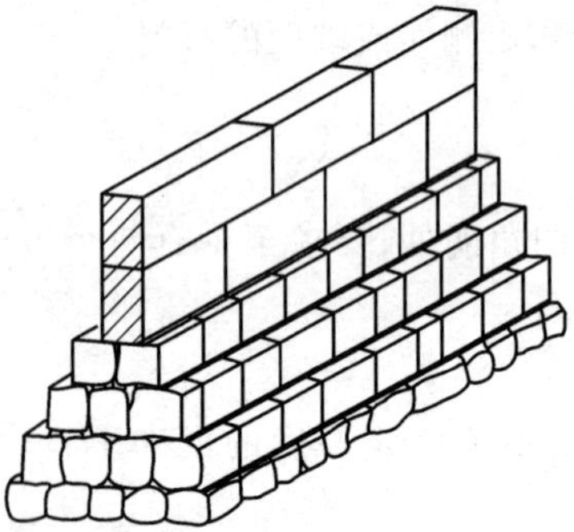

(a) 丁顺分层组砌法

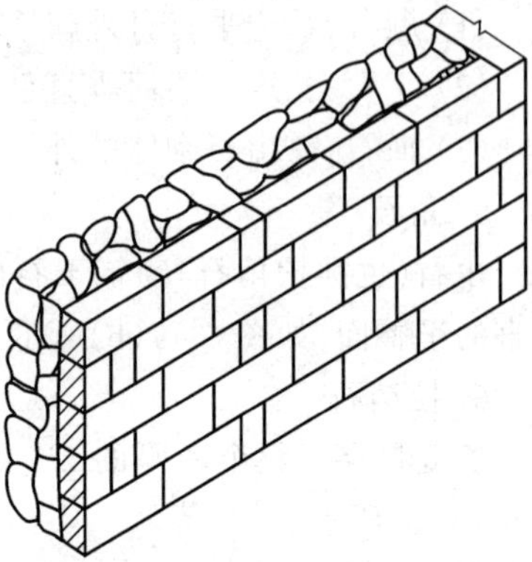

(b) 丁顺混合组砌法

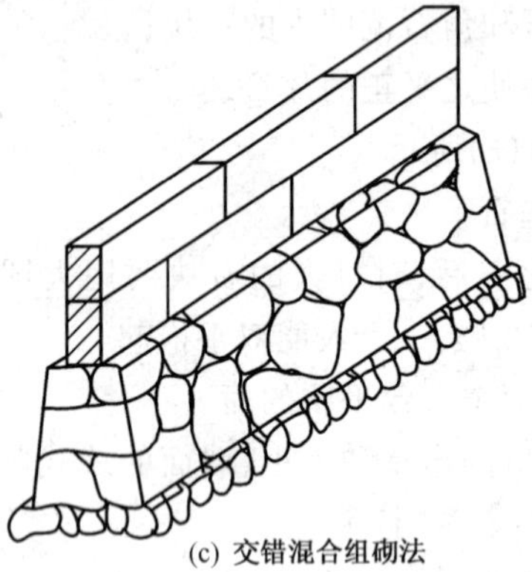

(c) 交错混合组砌法

图 6-2　毛石墙的组砌形式

开,如图 6-2(b)所示。这种组砌方法主要适用于条形基础及厚度较大的墙体。

3. 交错混合组砌法

交错混合组砌法(采用乱毛石、河卵石或部分块石、条石混合砌筑)指用不规则石块混合交错、叠靠搭接组砌。要求每一块石块都要与上下、左右有叠靠,与前后有搭接,砌缝错开并每隔一定距离要砌一块拉结石,如图 6-2(c)所示。这种组砌方法主要适用于厚度较大的基础墙体和挡土墙护坡等。

二、毛石墙的砌筑方法

(一) 浆砌法

1. 卧砌法

卧砌法指先铺筑砂浆,再将毛石分皮卧砌,并上下错缝,内外搭砌。灰缝厚度宜为 20 ~ 30 mm。第一层应用丁砌层,以后每砌两层后,应再砌一层丁砌层。此法适用于一般毛石墙砌筑。

2. 挤浆法

挤浆法指先铺 30 ~ 50 mm 厚的砂浆,然后放置石块,使部分砂浆挤出,砌平后再铺浆并把砂浆灌入石缝中,再砌上面一层石块,此法适用于砌筑质量要求高且荷载大的墙体。

(二) 干砌法

干砌法指将较大的石块进行排放,边排放边用薄小石块或石片嵌垫,逐层向上砌筑。砌好以后可用水泥砂浆勾嵌石缝。此法适用于受力较小的墙体。

第二节　毛石墙的砌筑工艺和操作要求

一、毛石墙的砌筑工艺

毛石墙的砌筑工艺主要有:砌筑准备→拌制砂浆→确定组砌形式和砌筑方法→盘角→挂线→铺灰砌石→勾缝→收尾工作。

二、毛石墙砌筑的操作要求

(一) 砌筑准备

1. 施工准备

(1) 砌毛石墙应在基础和室内回填土完工后进行。因毛石较重,应双面搭设脚手架进行砌筑,如图 6 - 3(a)所示。

(2) 毛石墙砌筑前,应在基础找平层上弹好墙身中心线及边线,并在墙角高杆上挂好水平准线,如图 6 - 3(b)所示。

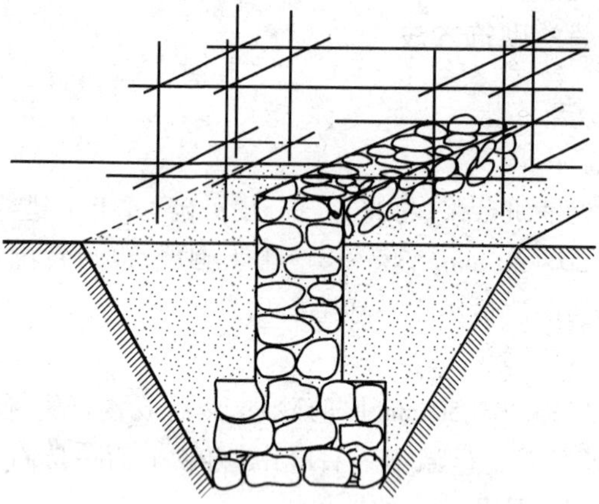

(a) 搭设双面脚手架

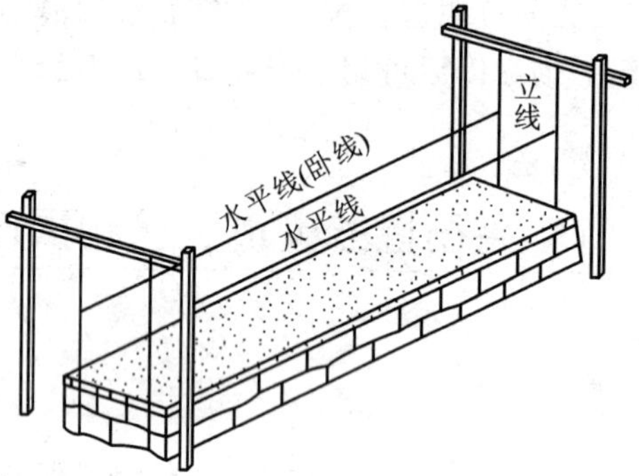

(b) 墙身弹线及拉准线

图 6 - 3　施工准备

2. 材料准备

(1) 毛石:采用坚实未风化的毛石。毛石应有两个大致平行的面,其厚度和宽度不应小于 200 mm,长度不宜大于厚度的 4 倍。强度等级应在 MU10 以上。

(2) 砂浆:一般采用水泥砂浆,稠度为 5 ~ 7 cm,拌制砂浆的砂可不过筛,强度等级应不低于 M2.5。

3. 操作准备

(1) 认真阅读图纸,明确门窗洞口、预留预埋件的位置和埋设方法,了解施工流水段,了解材料运输顺序和道路,避免二次搬运。

(2) 绘制好线杆(相当于砖墙的皮数杆,只是不绘出皮数),并在其上表示出窗台、门窗洞口、楼板、过梁、圈梁、檐口等标高位置。

4. 工具准备

除准备砌筑工常用工具外,还应配备手锤、大锤、撬棍、抿子等。

(二) 盘角

根据弹线挑选较方正、平整的石块铺砌墙角。砌筑时,石块大面朝下,光面朝外,两侧面平整,缝隙用砂浆铺灌密实。毛石墙纵横墙要同时砌筑,对临时间断处应留斜槎,斜槎高度应不超过 1.2 m,斜槎长度为 1.0 ~ 1.5 m。盘角时要“常吊、勤靠”,并对照线杆进行盘砌。盘角不宜过高,一般是盘砌两层砌一层。

(三) 挂线

以盘好的角为依据,在墙的外侧和内侧同时挂线砌筑。砌筑时以外墙线为主,内墙线为辅。挂线应用尼龙线拴砖或石坠重、拉紧。墙身过长时应在墙身中间扛一根“腰线棍”使其无下垂。在墙角带线处用“别线棍”挡住尼龙线,不让它陷入砂浆中去,别线棍应别在距墙角 20 ~ 30 mm 处。

(四) 毛石墙身砌筑

(1) 搭:双面挂线、内外搭设脚手架同时操作。上面砌一块长石,下面就要砌一块短石,使石墙里外、上下都能错缝搭接,如图 6 - 4 所示。

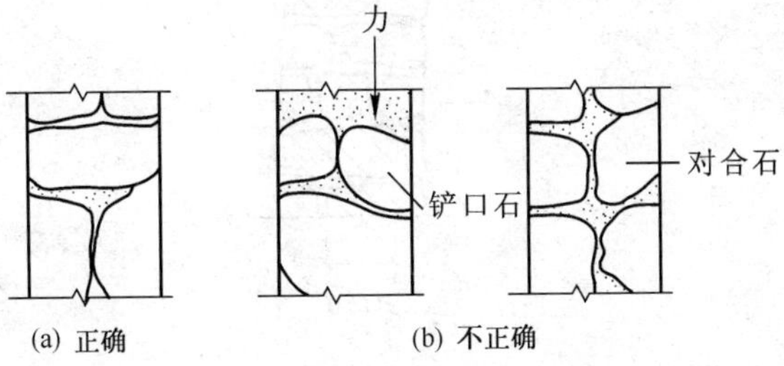

图 6 - 4　搭

(2) 压:砌好的石块要稳,要承受得住上面的压力;上面的石块要摆稳,并且要以自身的重量来增加下层石块的稳定性。砌好的石块要求“下口清、上口平”。下口清是指石块要有整齐的棱边,砌入墙身前先要进行适当加工,打去多余的棱角,砌完后做到外口灰缝匀,里口灰缝严;上口平是指留槎口里外要平,为上层砌石创造很好的层面。

(3) 拉:毛石墙必须设置拉结石,拉结石应均匀分布,相互错开。一般每 0.7 m^2 墙面至少应设一块,且同层内的中心距离不应大于 2 m(一般为 1 m 左右),如图 6-5(a)所示。墙厚小于或等于 400 mm 时,拉结石的长度应等于墙厚;墙厚大于 400 mm 时,可用两块拉结石内外搭接(称为丁砌石),拉结石搭接长度不应小于 150 mm,其中一块长度不

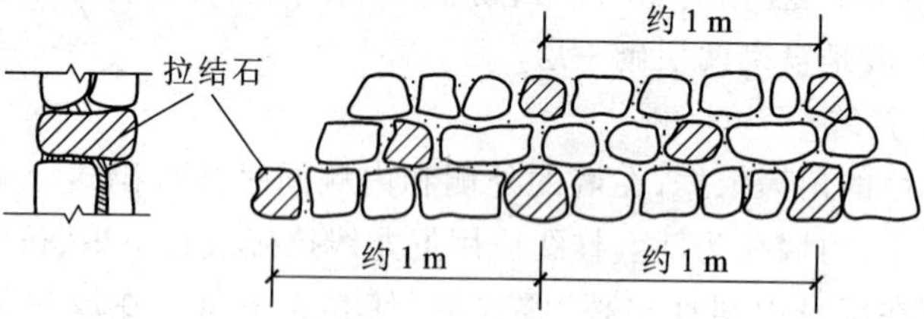

(a) 拉结石放置位置

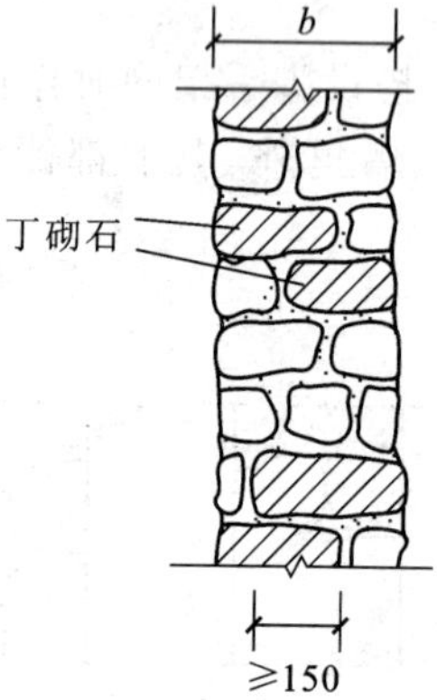

(b) 丁砌石

图 6-5 拉

应小于墙厚的 2/3，如图 6－5(b)所示。

(4) 槎：每砌一层毛石，都要给上一层毛石留出槎口，槎的对接要平，使上下层石块咬槎严密，防止出现硬蹬槎或槎口过小的现象，如图 6－6 所示。当砌到窗口、窗上口、圈梁、过梁和楼板底等处时，应跟线找平。找平槎口留出高度应结合毛石尺寸决定，但不得小于 100 mm，然后用小块石找平。

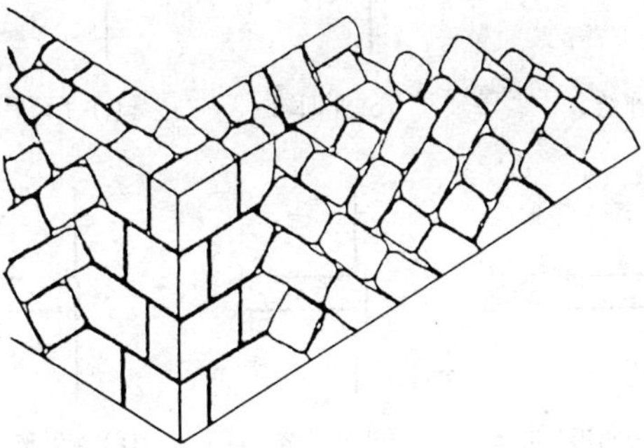

图 6－6 槎

(5) 垫：毛石砌体要做到砂浆饱满，灰缝均匀。在灰缝过厚处要用石片垫塞，石片要垫在里口不要垫在外口，且上下都要填抹砂浆，如图 6－7 所示。

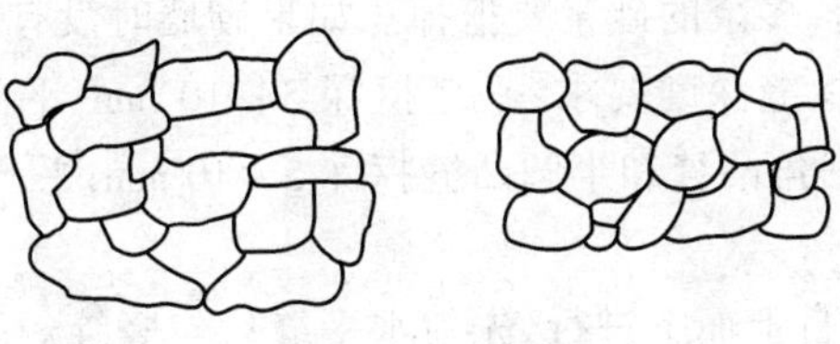

图 6－7 垫

(五) 毛石墙勾缝

1. 毛石墙勾缝形式

勾缝形式一般由设计决定，主要有平缝、凹缝、凸缝三种形式，如图 6－8 所示，多采用平缝或凸缝。

2. 毛石墙勾缝砂浆

勾缝一般使用1:1水泥细砂砂浆，稠度4~5 cm，砂子粒径为0.3~1.0 mm，可采用1.18 mm孔径的筛子过筛。因砂浆用量不多，一般采用人工拌制砂浆。

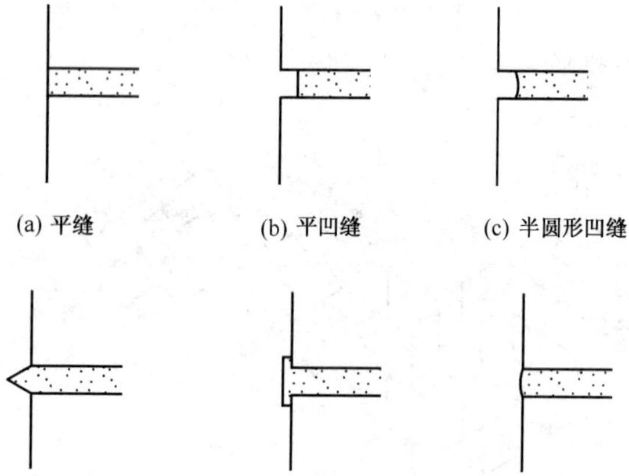

(a) 平缝　(b) 平凹缝　(c) 半圆形凹缝

(d) 三角形凸缝　(e) 平凸缝　(f) 半圆形凸缝

图6-8　毛石墙勾缝形式

3. 勾缝操作要点

(1) 清理墙面、抠缝。毛石墙砌筑结束时，要把当天砌筑的毛石墙都勾好砂浆缝。勾缝前用竹扫帚将墙面清扫干净，洒水润湿。砂浆不足处要补嵌砂缝，多余的砂浆要抠掉。如果砌墙时没有抠好缝，就要在勾缝前抠好缝，抠缝深度要求：平缝抠深5~10 mm；平凹缝、半圆形凹缝抠深20 mm；三角凸缝和半圆凸缝抠深5~10 mm；平凸缝稍凹进墙面一点。

(2) 勾缝应自上而下进行，先勾水平缝后勾竖缝。要求嵌填密实、粘结牢固，不得有搭槎、毛疵，舌头灰等。

① 勾平缝：用勾缝工具（溜子或抿子）把砂浆嵌入灰缝中，要嵌塞密实，缝面与石面相平，并把缝面压光。

② 勾凸缝：先用小抿子把勾缝砂浆填入灰缝中，将灰缝补平；待初凝后抹上第二层砂浆，第二层砂浆可顺着灰缝抹5~10 mm厚，并盖住

石棱 5～8 mm；待收水后，将多余部分切掉，但缝宽仍盖住下棱 3～4 mm，并要将表面压光压平，切口溜光。

③ 勾凹缝：灰缝应抠进 20 mm 深，用特制的溜子把砂浆嵌入灰缝中，要求比石面深 10 mm 左右，将灰缝面压平溜光。

(六) 毛石和实心砖组合墙砌筑

1. 组合墙构造

由砖和毛石两种材料砌成的组合墙的形式有外侧面用毛石砌、内侧面用砖砌和外侧面用砖砌、内侧面用毛石砌两种，如图 6－9 所示。

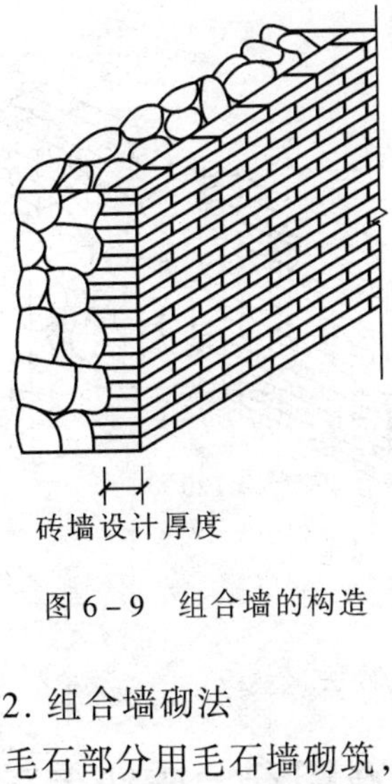

图 6－9　组合墙的构造

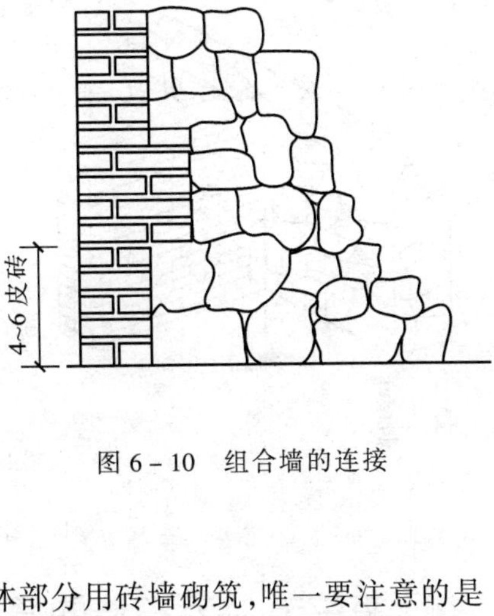

图 6－10　组合墙的连接

2. 组合墙砌法

毛石部分用毛石墙砌筑，砖砌体部分用砖墙砌筑，唯一要注意的是砖与毛石的交接处的砌法。

(1) 在组合墙中，毛石砌体和砖砌体应同时砌筑，并每隔 4～6 皮砖伸出 4～6 皮砖与毛石砌体连接，两种砌体之间用砂浆填塞，如图 6－10 所示。

(2) 当砖与毛石两种材料分别砌筑纵、横墙面时，其转角和交接处应同时砌筑，砖墙与毛石墙之间也采用伸出砖块的方法连接，如图 6－11 所示。

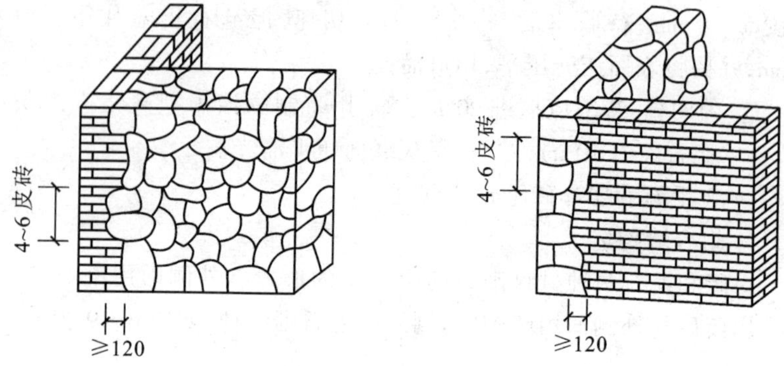

(a) 转角处砌法

(b) 丁字交接处砌法

图 6－11　组合墙的砌法

第三节　毛石墙的质量标准和安全操作要求

一、石砌体工程质量验收评定标准

（一）主控项目

（1）石材和砂浆强度等级必须符合设计要求。

（2）砂浆饱满度不应小于 80%。砌筑砂浆试块强度必须符合下列规定：

① 同一验收批砂浆试块的平均抗压强度必须大于或等于设计强度；

② 同一验收批砂浆试块的抗压强度的最小一组平均值必须大于或等于设计强度的75%。

(3) 转角处必须同时砌筑；交接处不能同时砌筑时，必须留斜槎。

(4) 石砌体的轴线位置垂直度允许偏差的规定见表6-1。

表6-1　石砌体的轴线位置垂直度允许偏差

<table>
<tr><th rowspan="4">项次</th><th rowspan="4" colspan="2">项　目</th><th colspan="7">允许偏差/mm</th><th rowspan="4">检验方法</th></tr>
<tr><th colspan="2">毛石砌体</th><th colspan="5">料石砌体</th></tr>
<tr><th rowspan="2">基础</th><th rowspan="2">墙</th><th colspan="2">毛料石</th><th colspan="2">粗料石</th><th>细料石</th></tr>
<tr><th>基础</th><th>墙</th><th>基础</th><th>墙</th><th>墙、柱</th></tr>
<tr><td>1</td><td colspan="2">轴线位置</td><td>20</td><td>15</td><td>20</td><td>15</td><td>15</td><td>10</td><td>10</td><td>用经纬仪和尺检查或用其他测量仪器检查</td></tr>
<tr><td rowspan="2">2</td><td rowspan="2">墙面垂直度</td><td>每层</td><td></td><td>20</td><td></td><td>20</td><td></td><td>10</td><td>7</td><td rowspan="2">用经纬仪、吊线和尺检查或用其他测量仪器检查</td></tr>
<tr><td>全高</td><td></td><td>30</td><td></td><td>30</td><td></td><td>25</td><td>20</td></tr>
</table>

抽检数量：外墙按楼层（或4 m高以内）每20 m抽查一处，每处3延长米，但不应少于3处；内墙按有代表性的自然间抽查10%，但不应少于3间，每间不应少于2处，柱子不应少于5根。

(二) 一般项目

(1) 石砌体的一般尺寸允许偏差的规定见表6-2。

抽检数量：外墙按楼层（或4 m高以内）每20 m抽查1处，每处3延长米，但不应少于3处；内墙按有代表性的自然间抽查10%，但不应少于3间，每间不应少于2处，柱子不应少于5根。

(2) 石砌体的组砌形式应符合下列规定：

表 6－2　石砌体的一般尺寸允许偏差

<table>
<tr><th rowspan="4">项次</th><th rowspan="4" colspan="2">项　目</th><th colspan="7">允许偏差/mm</th><th rowspan="4">检验方法</th></tr>
<tr><th colspan="2">毛石砌体</th><th colspan="5">料石砌体</th></tr>
<tr><th rowspan="2">基础</th><th rowspan="2">墙</th><th colspan="2">毛料石</th><th colspan="2">粗料石</th><th>细料石</th></tr>
<tr><th>基础</th><th>墙</th><th>基础</th><th>墙</th><th>墙、柱</th></tr>
<tr><td>1</td><td colspan="2">基础和墙砌体顶面标高</td><td>±25</td><td>±15</td><td>±25</td><td>±15</td><td>±15</td><td>±15</td><td>±10</td><td>用水准仪和尺检查</td></tr>
<tr><td>2</td><td colspan="2">砌体厚度</td><td>±30</td><td>+20
－10</td><td>±30</td><td>+30
－10</td><td>±15</td><td>+10
－5</td><td>+10
－5</td><td>用尺检查</td></tr>
<tr><td rowspan="2">3</td><td rowspan="2">表面平整度</td><td>清水墙柱</td><td></td><td>20</td><td></td><td>20</td><td></td><td>10</td><td>5</td><td rowspan="2">细料石用 2 m 靠尺和楔形塞尺检查，其他用两直尺垂直于灰缝拉 2 m 线和尺检查</td></tr>
<tr><td>混水墙柱</td><td></td><td>20</td><td></td><td>20</td><td></td><td>15</td><td></td></tr>
<tr><td>4</td><td colspan="2">清水墙水平灰缝平直度</td><td></td><td></td><td></td><td></td><td></td><td>10</td><td>5</td><td>拉 10 m 线和尺检查</td></tr>
</table>

① 内外搭砌，上下错缝，拉结石、丁砌石交错设置。

② 毛石墙拉结石每 0.7 m^2 墙面不应少于 1 块。

检查数量：外墙按楼层（或 4 m 高以内）每 20 m 抽查 1 处，每处 3 延长米，但不应少于 3 处；内墙按有代表性的自然间抽查 10%，但不应少于 3 间。

检验方法：观察检查。

二、毛石墙砌筑常见质量问题原因及防止措施

毛石墙砌筑常见质量问题原因及防止措施见表 6-3。

表 6-3 毛石墙砌筑常见质量问题原因及防止措施

序号	类型	原因	防止措施
1	石材质量不符合要求	石材选用不当,出现风化剥层、龟裂、形状过于细长、扁薄和尖锥等	通过产地调查,加强验收和管理
2	毛石墙体垂直通缝	毛石未交接	加强选石工作,注意错缝搭接,必要时应对毛石进行加工
		砌缝未错开	
		留槎方法不正确	
3	夹心墙	操作者采用了先砌里外墙面再填心的错误砌法	注意大小块石搭配使用
		砌筑时没按规定设置拉结石	随时检查是否漏砌丁砌石和拉结石
4	砌体粘结不牢	灰缝过厚,砂浆收缩	灰缝应控制在 20 ~ 30 mm
		石块过分干燥,造成砂浆早期脱水	石块在砌筑前应适当浇水
		石块表面有垃圾和泥土等	石块在使用前应用水冲洗干净
5	墙面凹凸不平	砌筑时未拉准线或者准线被石块顶出而没有发现	砌筑时必须经常检查准线
		砌筑高度超过规定值而造成砌体变形	一次性砌筑高度控制在 1.2 m 以内
6	勾缝砂浆粘结不牢	石块表面不洁净,降低了粘结力	勾缝前要用水冲洗石墙面
		砂子含泥量大、砂粒过细	严格掌握好原材料的质量和配合比
		养护不及时	勾缝完成后要及时进行养护

三、毛石墙砌筑安全操作要求

(1) 毛石墙每天砌筑高度不得超过 1.2 m,以免砂浆没有凝固,造成毛石墙因自重下沉而发生墙身鼓肚或倒塌伤人。

(2) 砌筑毛石墙时要搭设双面脚手架,便于毛石的抬放与砌筑。脚手架小横杆要尽量从门窗洞口穿过或采用双排脚手架。

(3) 加工石块时应佩戴风镜或平光眼镜,不得在墙上加工石块,以防石屑崩出伤人。

(4) 砌筑毛石时,周围不应有打桩、爆破等强烈震动,以免震塌毛石墙。

想 一 想

1. 毛石墙砌筑前应做好哪些准备工作?
2. 砌筑毛石墙的操作程序和要点有哪些?
3. 毛石墙怎样盘角和挂线?
4. 石砌体质量检验评定标准内容有哪些? 如何进行质量自检?
5. 毛石墙砌筑容易出现哪些质量问题? 砌筑中如何进行预防?

练 一 练

1. 训练项目:毛石墙砌筑练习。
2. 训练目的:掌握毛石墙的砌筑方法。
3. 训练要求:进行毛石墙的砌筑练习。
4. 训练时间:4h。
5. 训练内容:用石灰砂浆代替水泥砂浆砌筑 400 mm 厚混水毛石墙,砌筑长度 4 m,高度 1.2 m,每 4 人为一组,其中 2 人砌筑,2 人供料(1 人供浆,1 人供石)。
6. 操作评分(见表 6-4):

表 6-4　毛石墙砌筑评分表

序号	评　分　项　目	配合	得分
1	正确使用龙门架	10	
2	毛石墙砌体内外搭砌、上下错缝	10	
3	丁砌石和拉结石分布均匀	10	
4	砂浆饱满	10	
5	无错误砌筑现象	10	
6	毛石放置正确并分层卧砌	10	
7	灰缝一致,砂浆厚度在 20 ~ 30 mm 以内	10	
8	墙体表面平整	10	
9	墙面垂直度允许偏差在 20 mm 以内	10	
10	安全操作	5	
11	综合印象	5	
总计		100	

第七章　地面砖铺砌和乱石路面铺筑

相关知识：1. 地面砖的种类、规格、性能及质量要求；
2. 楼地面的构造知识；
3. 各种砖地面的铺砌工艺及操作要点；
4. 乱石路面的铺筑工艺及操作要点；
5. 砖地面的质量要求。

技能要求：1. 能根据地面砖的类型正确选择砖地面的结合层材料；
2. 能进行各种砖地面的摆砖组砌；
3. 能按设计和施工工艺要求铺砌乱石路面。

第一节　地面砖的材质要求

一、普通砖

普通砖即一般砌筑用砖，规格为 240 mm × 115 mm × 53 mm。要求外形尺寸一致、不挠曲、不裂缝、无缺角，强度等级不低于 MU7.5。

二、缸砖

采用陶土掺以色料压制成型后烘烧而成。一般为红褐色，黄色和白色。其规格有 100 mm × 100 mm × 10 mm 和 150 mm × 150 mm × 10 mm 两种。要求外观尺寸准确、密实坚硬、表面平整、颜色一致、无凹凸和翘曲、无黑斑、不裂、不缺损，抗压、抗折强度及规格应符合设计要求。

三、水泥砖

水泥砖(包括水泥花砖、分格砖)是用干硬性砂浆或细石混凝土压制而成,呈灰色,耐压强度高。水泥平砖常用规格为 200 mm×200 mm×25 mm;格面砖有 9 分格和 16 分格两种,常用规格为 250 mm×250 mm×30 mm、250 mm×250 mm×50 mm 等。要求边角整齐、表面平整光滑、无翘曲,强度应符合设计要求。

水泥花砖是用白水泥或普通水泥掺以各种颜料采用机械拌和压制成型。花式分单色、双色和多种色三种。常用规格有 200 mm×200 mm×18 mm、200 mm×200 mm×25 mm 等。要求色彩明显、表面平整光滑、边角方正、无扭曲和缺楞掉角,强度应符合设计要求。

四、预制混凝土大块板

预制混凝土大块板用干硬性混凝土压制而成,表面原浆抹光,耐压强度高,呈灰色。使用规格按设计要求而定,一般形状有正方体形、长方体形和多边六角体形。常用规格为 495 mm×495 mm,用于路面时,厚度不应小于 100 mm;用于人行道及庭院时,厚度应大于 50 mm。要求外观尺寸准确、边角方正、无扭曲和缺楞掉角、表面平整,强度应不小于 20 MPa 或符合设计要求。

五、地面砖结合层材料

砖块地面与基层的结合层用砂子、石灰砂浆、水泥砂浆或沥青胶等。砂结合层厚度为 20~30 mm,砂浆结合层厚度为 10~15 mm,沥青胶结合层厚度为 2~5 mm,如图 7-1 所示。

(1) 结合层所用水泥应采用强度等级不低于 32.5 级的普通硅酸盐水泥或矿渣硅酸盐水泥。

(2) 结合层所用砂应采用洁净无有机质的砂,使用前应过筛,不得采用冻结的砂块。

(3) 结合层所用沥青胶的强度等级应按设计要求经试验确定。

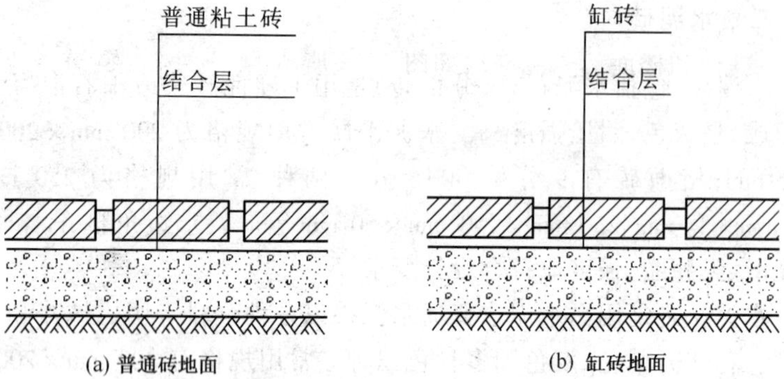

图 7－1　砖面层

第二节　地面构造层次和砖地面适用范围

一、地面的构造层次及作用

（一）面层

直接承受各种物理和化学作用的地面或楼面的表层。楼、地面的名称按其面层名称而定。

（二）结合层

结合层（粘结层）是面层与下一构造层相连接的中间层，也可作为面层的弹性底层。

（三）找平层

在垫层、楼面或轻质松散材料填充层上起找平、找坡或加强作用的构造层。

（四）隔离层

隔离层（防水、防潮层）是防止面层上各种液体渗入地面下或地下水渗入地面的构造层。

（五）填充层

填充层（保温层）是在建筑地面上起隔声、保温、找坡或敷设管线等作用的构造层。

(六) 垫层

承受并传递地面荷载于地基土上或楼面荷载于结构上的构造层。

砖地面和楼面的构造层次如图 7－2 所示。

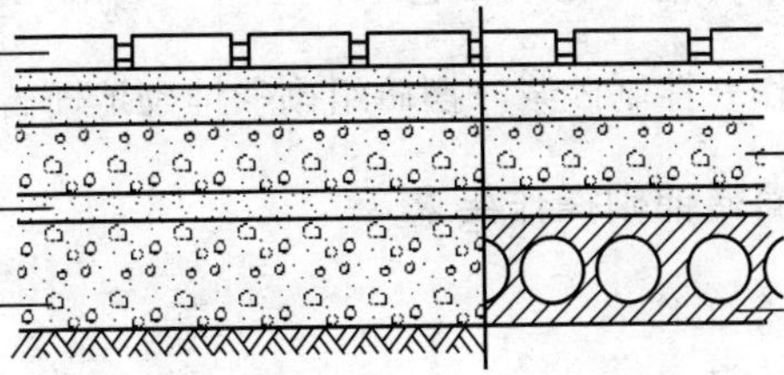

图 7－2 砖地面和砖楼面构造层次

二、砖地面适用范围

(一) 普通砖地面

室内普通砖地面适用于临时房屋和仓库及农用一般房屋的地面，室外普通砖地面适用于庭院、小道、走廊、散水坡等。

(二) 水泥砖地面

水泥平面砖地面适用于铺砌庭院、通道、上人路面、平台等地面面层,水泥格面砖地面适用于铺砌人行道、便道和庭院等,水泥花砖适用于公共建筑物部分的楼(地)面,如盥洗室、浴室、厕所等。

(三) 缸砖地面

缸砖地面适用于要求坚实耐磨、不起尘或耐酸碱的地面面层,如试验室、厨房、外廊等。

(四) 预制混凝土大块板地面

混凝土大块板具有耐久、耐磨,施工工艺简单、方便、快速等优点,并便于翻修。常用于工厂区和住宅的道路、路边人行道和工厂的一些车间地面、公共建筑的通道、通廊等。

第三节 地面砖铺砌施工工艺和操作要求

一、地面砖铺砌施工工艺

准备工作→拌制砂浆→摆砖组砌→铺砌地面砖→养护、清扫干净。

二、地面砖铺砌操作要求

（一）准备工作

1. 材料准备

（1）砖面层和板块面层材料进场应做好材质的检查验收，查产品合格证，按质量标准和设计要求检查规格、品种和强度等级。

（2）按样板检查图案、颜色和花纹，并按设计要求进行试拼。

（3）验收时对于有裂缝、掉角和表面有缺陷的板块，应予剔出或放在次要部位使用。

（4）各种不同的地面砖不得混杂使用。

地面砖材料应尽量堆放在可以避雨的室内仓库，如无仓库可以搭设临时遮雨棚防雨。

2. 施工准备

（1）地面砖在铺设前，要先将基层面清理、冲洗干净，使基层湿润。

（2）砖面层铺设在砂结合层上之前，砂垫层和结合层应洒水压实，并用刮尺刮平。

（3）砖面层铺设在砂浆结合层上或沥青胶结合层上的，应先找好规矩，并按地面标高留出地面砖的厚度贴灰饼，拉基准线每隔 1 m 左右冲筋一道，然后刮素水泥浆一道，用 1∶3 水泥砂浆打底找平，砂浆稠度控制在 30 mm 左右，其水灰比宜为 0.4～0.5。找平层铺好后，待收水即用刮尺板刮平整，再用木抹子打平整。对厕所、浴室地面，应由四周向地漏方向做放射形冲筋，并找好坡度。

铺时有的要在找平层上弹出十字中心线，四周墙上弹出水平标高线。

(二) 拌制砂浆

地面砖铺筑砂浆一般有以下几种：

(1) 1:2 或者 1:2.5 水泥砂浆(体积比)，稠度 25 ~ 35 mm。适用于普通砖、缸砖地面。

(2) 1:3 干硬性水泥砂浆(体积比)，以手握成团，落地开花为准。适用于断面大的水泥砖。

(3) M5 水泥混合砂浆，一般适用于预制混凝土块粘结层。

(4) 1:3 白灰干硬性砂浆(体积比)，以手握成团、落地开花为准。适用于路面为 250 mm × 250 mm 水泥方格砖的铺砌。

(三) 摆砖组砌

地面砖面层一般依据砖的不同类型和不同使用要求采用不同的摆砌方法。

1. 普通砖面层的摆砖铺砌

普通砖面层的铺砌形式有芦席花形、L 形、斜直形和人字形等，如图7 – 3 所示。

在通道内宜铺成纵向的人字形，同时在边缘的一行砖应加工成 45°角，并与地坪边缘紧密连接。铺砌时，相邻两行错缝应为砖长度的 1/3 ~ 1/2。水泥花砖各种图案颜色应按设计要求对色、拼花、编号排列，然后按编号码放整齐。

2. 缸砖、水泥砖的摆砖铺砌

缸砖、水泥砖一般有留缝铺贴和满铺砌法两种，应按设计要求选择铺砌方法。混凝土板块以满铺满砌法铺筑，要求缝隙宽度不大于 6 mm，紧密铺贴缝隙宽度宜为 1 mm 左右，虚缝铺贴缝隙宽度宜为 5 ~ 10 mm。

(四) 普通砖、缸砖、水泥砖面层的铺砌

1. 在砂结合层上铺砌

在砂结合层上铺砌(地面干铺砖法)，即按地面构造要求的基层处理完毕和找平层结束后，即可进行砖面层铺砌。

(1) 预排试铺：按设计要求选定的铺筑方法进行预排砖。

① 在室内铺砌时，首先应沿墙定出十字中心线，由中心向两边预

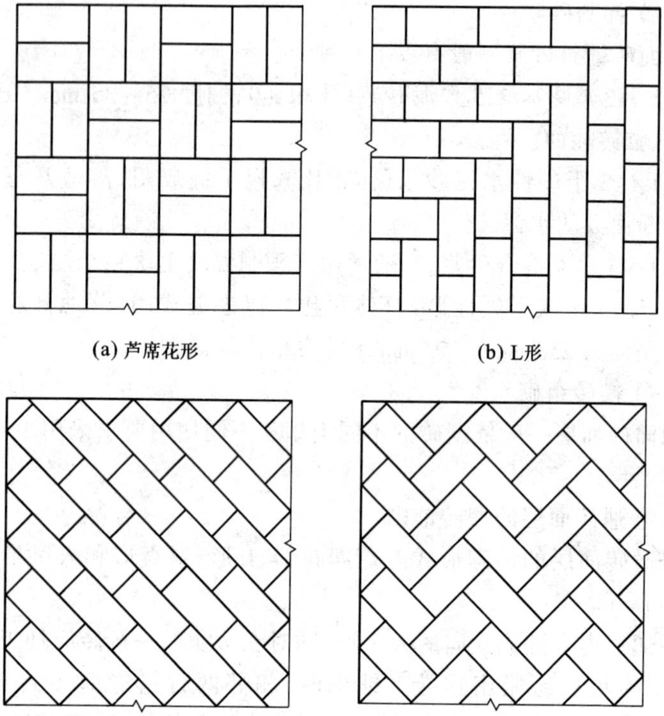

(a) 芦席花形　(b) L形　(c) 斜直形　(d) 人字形

图 7－3　普通砖面层铺砌形式

排试铺。

② 铺砌室外道路时，应在道路两头先各铺砌一排砖找平，以此作为标筋铺砌砖块面地坪和路面。

（2）挂线铺砌：

① 在找平层上铺一层 15～20 mm 厚的黄砂，并洒水压实，用刮尺找平，按标筋架线，随铺随砌。

② 铺砌时，上楞跟线以保证地面和路面平整，其缝隙宽度不大于 6 mm，并用木锤将砖块敲实。

（3）填充缝隙：

① 填缝前，应适当洒水并将砖拍实整平。

② 填缝可用细砂和水泥砂浆。用砂填缝时,可先用砂撒于路面上,再用扫帚扫入缝中;用水泥砂浆填缝时,应预先用砂填缝至一半的高度,再用水泥砂浆填缝扫平。

2. 在水泥或石灰砂浆结合层上铺砌

在水泥或石灰砂浆结合层上铺砌(地面坐浆铺砖法)的程序如下。

(1) 找规矩、弹线:

① 在房间纵横两个方向排好尺寸,缝宽以不大于 10 mm 为宜,当尺寸不足整块砖的位置时,可裁割半块砖用于边角处;尺寸相差较小时,可调整缝隙。

② 根据确定后的砖数和缝宽,在地面上弹纵横方向控制线,约每隔四块砖弹一根控制线,并严格控制方正。

(2) 铺砖:

① 从门口开始,纵向先铺几行砖,找好规矩(位置及标高),以此作为筋压线,从里面向外退着铺砖,每块砖要跟线,如图 7-4 所示。

② 在铺设前,应将水泥砖浸水湿润,其表面无明水时方可铺设,结合层和板块应分段同时铺砌。

③ 铺砌时,先扫水泥浆于基层。砖的背面朝上,抹铺砂浆,厚度不小于 10 mm,砂浆应随铺随拌,拌好的砂浆应在初凝前用完(拌好到用完一般不超过 2 h)。将抹好灰的砖码砌到扫好水泥浆的基层上,砖上楞要跟线,用木棰敲实铺平。

④ 铺好后,再拉线拨缝修正,清除多余砂浆。

⑤ 板块间、板块与结合层间以及在墙角、镶边和靠墙边,均应紧密贴合,不得有空隙,亦不得在靠墙处用砂浆填补代替板块。

(3) 勾缝:

① 面层铺贴应在 24 h 进行擦缝、勾缝和压缝工作。缝的深度宜为砖厚的 1/3,擦缝和勾缝应采用同品种、同强度等级、同颜色的水泥。

② 分格缝铺砌的地面应采用 1:1 水泥砂浆勾缝隙,要求勾缝密实,缝内平整光滑,深浅一致。

③ 满铺满砌法的地面,则要求缝隙平直,在敲实修好的砖面上撒干水泥面,并用水壶浇水,用扫帚将其水泥浆扫入缝内。亦可用稀水泥

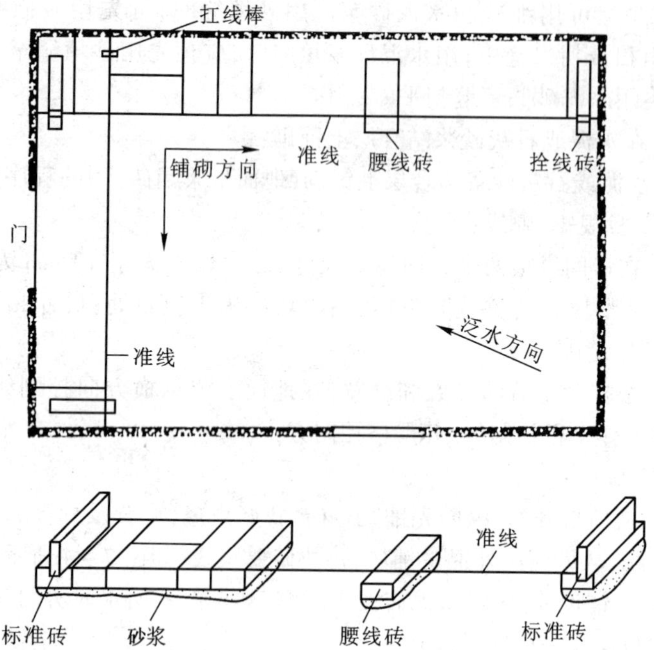

图 7－4　室内地面坐浆铺砖

浆或 1:1 稀水泥砂浆(水泥:细砂)填缝。将缝隙灌满并及时用拍板拍振,将水泥浆灌实,同时修正高低不平的砖块。面层溢出的水泥浆或水泥砂浆应在凝结前予以清除,待缝隙内的水泥浆或水泥砂浆凝结后,再将面层清理干净。

(4) 养护:普通砖、缸砖、水泥砖面层如果采用水泥砂浆填缝和作为结合层,待铺完砖后,应在常温下 48 h 内覆盖湿润的锯末或浇水养护,养护时间不宜少于 7 d。3 d 内不准上人。整个操作应连续完成,避免重复施工影响已贴好的砖面。

3. 在沥青胶结合层上铺砌

(1) 弹线、找规矩和铺砖:其方法与铺砌在砂浆结合层上基本相同。所不同的是沥青胶结料要经加热(150～160 ℃)后才可摊铺。铺时基层应刷冷底子油或沥青稀胶泥,砖块宜预热,当环境温度低于 5 ℃

时，砖块应预热到40 ℃左右。冷底子油刷好后，涂铺沥青胶结料，其厚度应按结合层要求稍增厚2～3 mm，砖缝宽为3～5 mm，随后铺砌砖块并用挤浆法把沥青胶结料挤入竖缝内，砖缝隙应挤严灌满，表面平整。砖上楞跟线放平，并用木锤敲击密实。

(2) 灌缝：待沥青胶结料冷却后，铲除砖缝口多余的沥青，缝隙内不足处再补灌沥青胶结料，达到密实效果。填缝前，缝隙应予以清理，并使之干燥。

(五) 混凝土大块板铺砌路面

1. 找规矩、设标筋

(1) 铺砌前，应对基层验收，灰土基层质量检验宜用环刀取样。

(2) 如道路两侧须设路边侧石时，应拉线、挖槽、埋设混凝土路边侧石，其上口要求找平、找直。

(3) 道路两头按坡向要求各砌一排预制混凝土块找准，并以此做为标筋，铺砌道路预制混凝土大块板。

2. 挂线铺砌

(1) 在已打好的灰土垫层上铺一层25 mm厚的M5水泥混合砂浆，随铺浆随铺砌。上楞跟线铺砌以保证路面的平整，其缝宽不应大于6 mm，并用木锤将预制混凝土大块板敲实。

(2) 路边若设有路边侧石，应注意路边侧石的挂线码砌，并将路边侧石培土保护。

(3) 板块不得采用向底部填塞砂浆或支垫砖块的找平方法。

3. 灌缝

其缝隙应用细干砂填充，以保证路面的整体性。

4. 养护

一般养护3～5 d，养护期间严禁开车重压。

第四节　铺筑乱石路面

一、乱石路面的材料要求和构造层次

（一）材料要求

乱石路面是用不整齐的拳头石和方片石铺砌而成的。

（二）构造层次

乱石路面主要由基层、垫层、结合层和面层等构造层次组成。其中垫层和结合层材料一般采用煤碴、灰土、石砂、石碴等。

二、摊铺垫层

在整好的基层上，按设计规定的垫层厚度均匀摊铺砂、煤碴或灰土，经压实后便可铺排面层块石。

三、找规矩、设标筋

（1）铺砌前，应先沿路边样桩及设计标高，定出道路中心线和边线控制桩。

（2）再根据路面和路的拱度以及横断面的形状要求，在纵横向间距2 m左右见方设置标志石块，然后按线铺砌面石。

四、铺砌石块

（一）铺砌顺序

铺砌一般从路的一端开始，在路面的全宽上同时进行。铺时，先选用较大的块石铺在路边缘上，再挑选适当尺寸的石块铺砌中间部分，要纵向往前赶砌。路边块石的铺砌进度，可以适当比路中块石铺砌进度超前 5 ~ 10 m。

（二）铺砌方法

有顺铺法和逆铺法两种。

1. 顺铺法

顺铺法是人蹲在已铺砌好的块石路面上,面向垫层边铺边前进的铺筑方法。这种铺法,较难保证路面的横向拱度和纵向平整度,且取石操作不方便。

2. 逆铺法

逆铺法是人蹲在垫层上,面向已铺砌好的路面边铺边后退的铺筑方法。这种铺法,容易保证路面的铺砌质量。

(三) 铺砌要求

要求砌排的块石,应小头朝下、平整大面朝上,块石之间必须嵌紧、错缝,表面平整、稳固适用。

五、嵌缝压实

铺砌石块时,除用手锤敲打铺实铺平路面外,还需在块石铺砌完毕后,嵌缝压实。

(一) 铺砌拳头石路面

第一次用石碴填缝、夯打,第二次用石屑嵌缝,小型压路机压实。

(二) 铺砌方头片石路面

用煤碴屑嵌缝,先用人工夯打,后用轻型压路机压实。

六、养护

乱石路面铺完后养护 3 d,在此期间不得开放交通。

第五节　砖地面的质量标准

一、砖地面质量验收评定标准

(1) 面层所用板块的品种、质量必须符合设计要求,面层与基层的结合(粘结)必须牢固、无空鼓(脱胶)。

(2) 允许偏差项目:

① 普通砖、水泥砖、缸砖地面的允许偏差见表 7 - 1。

② 预制混凝土大块板和水泥方格砖路面允许偏差见表 7 - 2。

表 7-1 普通砖、水泥砖、缸砖地面的允许偏差 mm

项次	项目	水泥花砖	缸砖大水泥砖	普通砖		检验方法
				砂垫层	水泥砂浆垫层	
1	表面平整度	3	4	8	6	用 2 m 靠尺和楔形塞尺检查
2	缝格平直	3	3	8	8	拉 5 m 线,不足 5 m拉通线和尺量检查
3	接缝高低差	0.5	1.5	1.5	1.5	尺量及楔形塞尺检查
4	板块间隙宽度	2	2	5	5	尺量检查

表 7-2 预制混凝土大块板和水泥方格砖路面允许偏差

项　目	允许偏差	检查方法
横坡	2‰	用坡度尺检查
表面平整度	7 mm	用 2 m 靠尺和楔形塞尺检查
接缝高低差	2 mm	用直尺和楔形塞尺检查

二、砖地面铺砌常见质量问题原因及防止措施

砖地面铺砌常见质量问题原因及防止措施见表 7-3。

表 7-3 砖地面铺砌常见质量问题原因及防止措施

序号	类型	原因	防止措施
1	地面标高错误	楼板上皮标高超高	在施工时应对楼层标高认真核对,防止超高
		防水层或找平层过厚	应严格控制每遍构造层的厚度,防止超高

续表

序号	类型	原因	防止措施
2	泛水过小或局部倒坡	地漏安装的标高过高，基层处理不平，有凹坑造成局部存水	在四周墙上弹准50线，水暖工安装地漏时标高要正确，并应在找平层上先抹好朝地漏方向呈放射形冲筋，按规矩施工
		基层坡度没有找好，形成坡度过小或倒坡	按设计要求对基层进行找坡并坡向地漏方向
3	地面不平、出现小的凹凸	砖的厚度不一致，没有严格挑选或砖面不平	首先要选好砖，不合规格、不标准的砖一定不能用
		铺贴时没有敲平、砸实	铺贴时要砸实，铺好地面后封闭入口
		养护不足就过早上人	常温锯末养护48 h后方可上人操作
4	空鼓	基层清理不净，浇水不透，粘结层早期脱水	加强清理及施工前对基层的检查
		上人过早，粘结砂浆未达强度而受到外力振动，使块衬与粘结层脱离	加强养护并注意控制上人施工的时间
5	黑边	不足整块时，不切割半砖或用小条铺贴而采用砂浆修补	按规矩进行砖块的切割、铺贴，砖块切割尺寸按实量取
6	路面混凝土板块松动	砂浆干燥、影响粘结度	铺设时应边铺砂边码砌边砸实，砂浆铺面不宜过大，防止砂浆在未铺砌砖时已干燥
		夏季施工浇水养护不足，早期脱水	夏季施工必须浇水养护3 d，养护期间严禁车辆碾压和堆物

续表

序号	类型	原因	防止措施
7	路面塌陷	路面下基层、垫层分层夯实不足,没有达到应有的密实度	要将路面下的基层、垫层夯实,而后作好密实度的取样试验工作,试验合格后方可进行上部面层的施工

想 一 想

1. 砖地面铺砌前应对基层如何进行处理?

2. 砖地面铺砌和毛石路面铺筑的施工工艺和操作要点有哪些?

3. 砖地面质量检验评定标准内容有哪些? 如何进行质量自检?

4. 砖地面铺砌常易出现哪些质量问题? 施工中如何进行预防?

练 一 练

1. 训练项目:砖地面铺砌练习。

2. 训练目的:了解砖地面铺砌形式,掌握干砂铺砖和坐浆铺砌方法。

3. 训练要求:进行干砂铺砌普通砖地面和坐浆铺砌普通砖地面练习。

4. 训练时间:4 h。

5. 训练内容:在 3 m×4.5 m 的场地上进行干砂铺砌普通砖地面和坐浆(水泥石灰砂浆)铺砌普通砖地面,每 4 人为一组,其中 3 人铺砌,1 人供料。

6. 操作评分(见表 7-4):

表 7-4 砖地面铺砌评分表

序号	评分项目	配分	得分
1	能正确干摆两种铺砖图案	10	
2	干砂铺砌芦席花形地面达到横平竖直	20	

续表

序号	评分项目	配分	得分
3	坐浆铺砌 L 形砖地面达到横平竖直	20	
4	坐浆铺砌砖地面砂浆饱满度不低于 80%	20	
5	地面清洁	10	
6	安全操作	10	
7	综合印象	10	
总计		100	

第八章　屋面瓦的施工

相关知识：屋面瓦的种类、规格、构造知识、铺筑工艺及操作要点。

技能要求：1. 能铺挂屋面平瓦；

2. 能铺阴阳瓦，做平瓦斜沟、屋脊（包括砍、锯）。

第一节　平瓦屋面

一、平瓦屋面对基层的要求

平瓦屋顶中平瓦与屋架之间的构造叫屋面木基层。根据屋面木基层的构造，平瓦屋面可以分为以下四种（图 8－1）：楞摊平瓦屋面，无椽条有屋面板平瓦屋面，有椽条及屋面板平瓦屋面，以及保温层设在屋面板处的平瓦屋面。

1. 挂瓦条

挂瓦条的间距要根据平瓦的尺寸和一个坡面的长度经计算后确定，粘土平瓦一般间距为 280～330 mm，屋脊处两个坡面上最上两根挂瓦条，要保证挂瓦后，两个瓦面的间距在搭盖脊瓦时，脊瓦搭接瓦尾的宽度每边不小于 40 mm。

挂瓦条断面一般为 30 mm×30 mm，长度一般不小于三根椽条的间距。挂瓦条必须平直（特别是保证瓦条上边口的平直），接头在椽条上不得连续超过三个接头，钉置檐口条（或封板）时，要比挂瓦条高 20～30 mm，要保证第一块瓦的平直，钉挂瓦条一般从檐口开始逐步向上至屋脊。钉时，要随时校核瓦条间距尺寸的一致，为保证尺寸准确，可在一个坡面的两端，准确量出瓦条间距，再拉通线钉挂瓦条。

2. 木板基层上加铺油毡层

木板基层上加铺油毡应沿屋脊平行方向自下而上的铺钉，檐口油

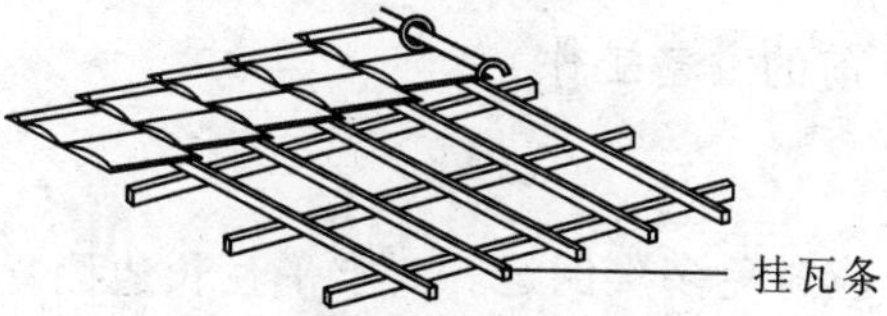

(a) 楞摊平瓦屋面

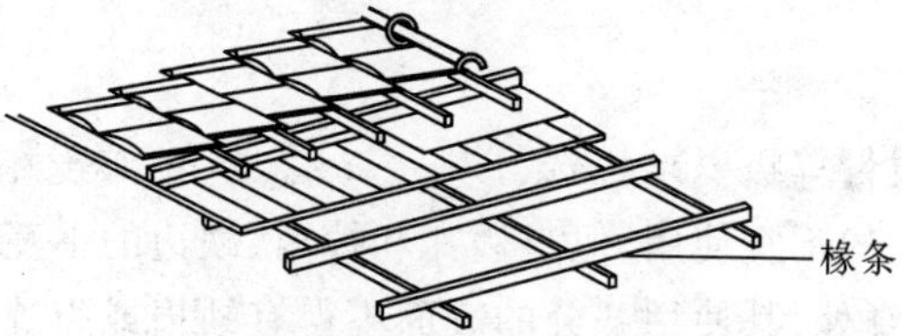

(b) 无椽条，有屋面板平瓦屋面

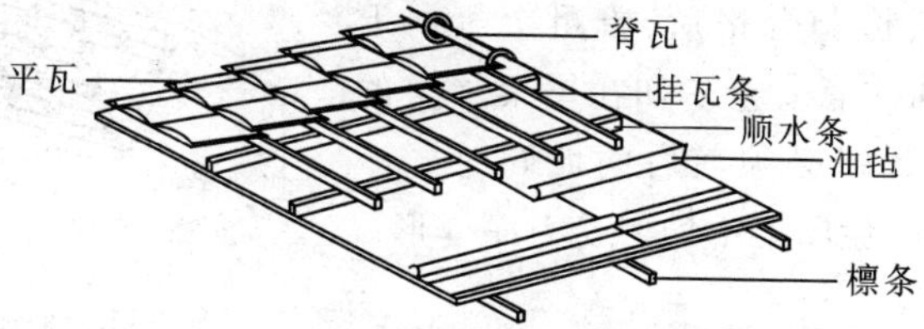

(c) 有椽条及屋面板平瓦屋面

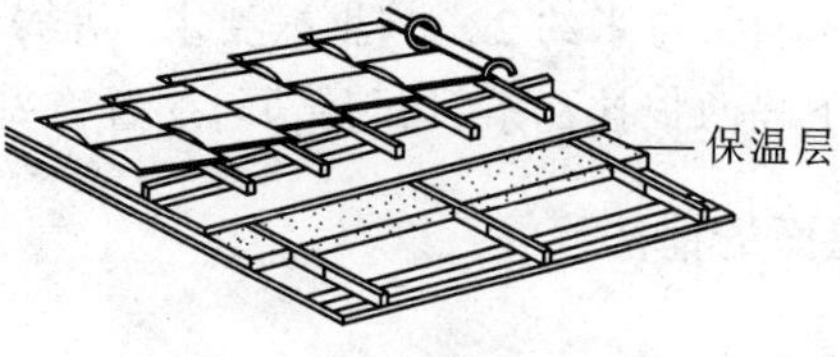

(d) 保温层设在屋面处的平瓦屋面

图 8－1　平瓦屋面木基层构造分类

毡应盖过封檐板上边口 10～12 mm，油毡长边搭接不小于 70 mm，短边搭接不小于 150 mm，搭边要钉住，不得翘边，上下两层短边搭接缝要错开 500 mm 以上。油毡用压毡条（也可用灰板条）沿屋脊垂直方向钉住，间距不大于 500 mm，要求油毡铺平铺直，压毡条钉置牢靠，钉子不得直接在油毡上乱钉，油毡的毡面必须完整，不得有缺边破洞。

二、平瓦铺挂前的准备工作

1. 堆瓦

平瓦运输堆放应避免多次倒运。要求平瓦长边侧立堆放，最好一顺一倒合拢靠紧，堆放成长条形，高度以 5 ~ 6 层为宜，堆放、运瓦时，要稳拿轻放。

2. 选瓦

可按平瓦质量等级要求挑选，砂眼、裂纹、掉角、缺边、少爪等不符合质量要求规定的不宜使用，但半边瓦和掉角、缺边的平瓦可用于山墙檐边、斜沟或斜脊处，其使用部分的表面不得有缺损或裂缝。

3. 上瓦

待基层检验合格后，方可上瓦。上瓦时应特别注意安全。如在屋架承重的屋面上，上瓦时必须前后两坡同时同一方向进行，以免屋架不均匀受力而变形。

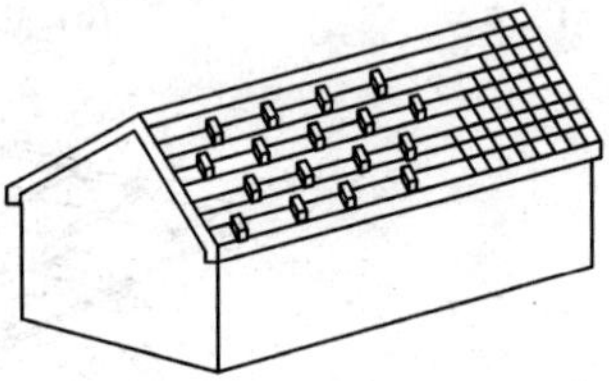

图 8－2　平瓦墙垛

4. 摆瓦

一般有条摆和堆摆两种。条摆要求隔三根挂瓦摆一条瓦，每米约 22 块；堆摆要求一堆 9 块瓦，间距为左右隔两块瓦宽，上下隔两根挂瓦条，均匀错开，摆置稳妥，如图 8－2 所示。

三、平瓦屋面的铺法

1. 施工程序

平瓦屋面的施工程序如下：

基层检查合格后上瓦→挂屋面瓦→挂斜沟、斜脊→山边脊瓦→做平、斜屋脊→屋面泛水→屋面验收。

2. 平瓦屋面的施工要求及注意事项

(1) 屋面、檐口瓦挂瓦次序是从檐口由下到上，自左到右的方向进行，檐口瓦挑出檐口 50 ~ 70 mm；瓦爪均应挂在挂瓦条上，与左边及下面两块瓦落槽密合，随时注意瓦面、瓦楞平直，不符合质量的瓦不能铺挂。在草泥基层上铺平瓦时，要掌握泥层的干湿度，并应从屋脊拉一斜线到檐口,斜线对准屋脊下第一张瓦的右下角,顺次对准第二排的第二张瓦,第三排的第三张瓦……,直到檐口角的右下角,使之都在一条直线上,然后由下到上依次逐张铺挂,可以达到瓦沟顺直,整齐美观。

冷摊瓦屋面如图 8 – 3 所示。坡度大于 30°的坡屋面,平瓦要采取固定措施,固定方法一般用 20 号镀锌铁丝穿过瓦鼻子绑牢在挂瓦条上。

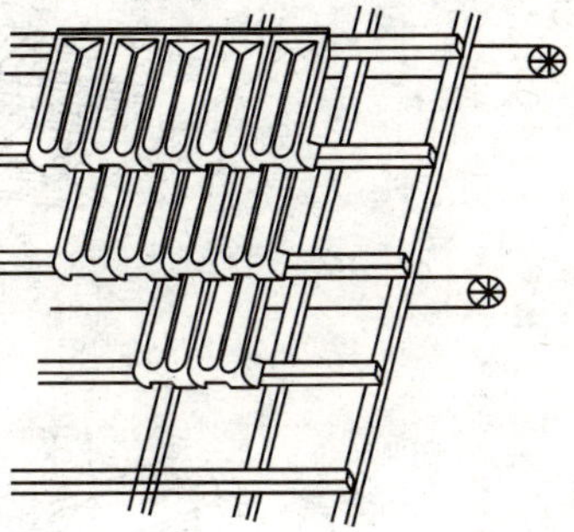

图 8 – 3　冷摊瓦屋面

(2) 斜脊(斜沟瓦)先将整瓦挂上,沟瓦要求搭盖泛水宽度不小于 150 mm,弹出墨线,编好号码,将多余的用无齿锯锯齐或用瓦刀砍齐,再按编号铺上,斜脊处的平瓦也按上述挂上,保证脊瓦搭盖平瓦每边不小于 40 mm,弹出墨线,编好号码,砍去多余部分,再按次序挂好。斜脊、斜沟处的平瓦要保证使用部分的瓦面质量,如图 8 – 4、图 8 – 5 所示。

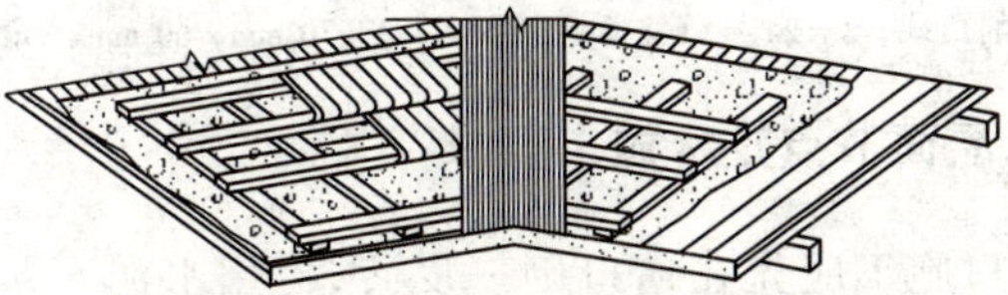

(a)

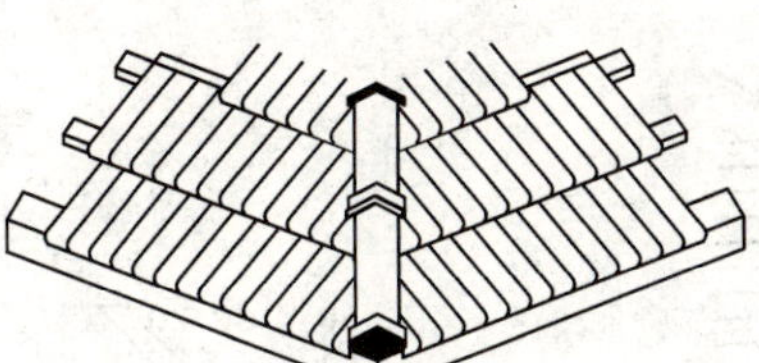

(b)

图 8 – 4　斜脊挂瓦

(3) 先把脊瓦分布在屋脊第二瓦楞片上,铺好一端脊瓦,另一端干叠两张脊瓦,挂好准线,然后在两坡屋脊第一楞瓦上口铺上水泥石灰砂浆,宽约 50 ~ 80 mm,把脊瓦放上对准准线用手揿压窝牢。操作时,一人铺灰,一人铺瓦,每坡一人清理,从一端铺到另一端,铺好后用水泥麻刀灰嵌缝(脊瓦之间缝及脊瓦与平瓦搭接缝)。

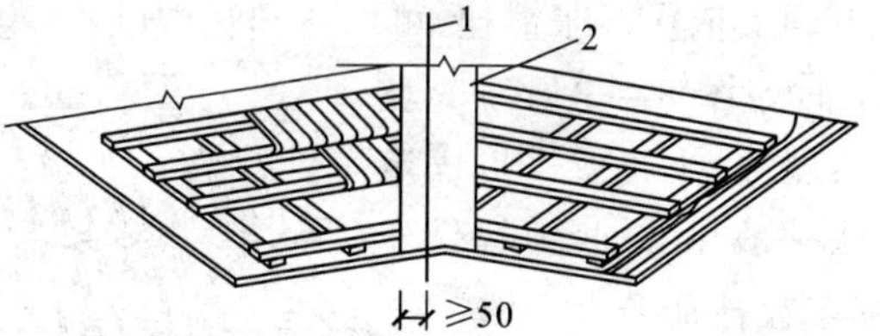

(a) 天沟平面图

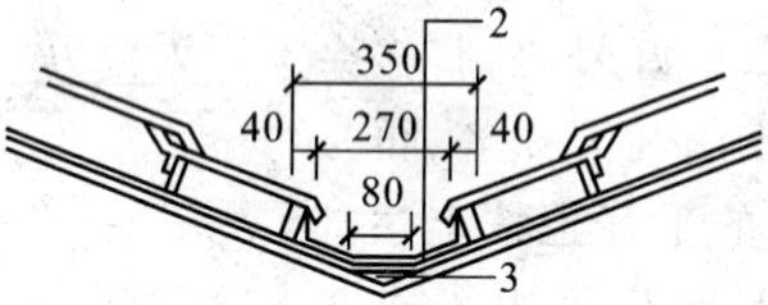

(b) 天沟剖面图

图 8-5　天沟挂瓦构造示意图

1—割角线；2—24 号镀锌薄钢板天沟；3—30 mm×60 mm 三角木

四、平瓦屋面节点泛水施工要求

(1) 山檐口施工应先在檐口砌一皮砖,再用水泥石灰麻刀砂浆抹出檐头。

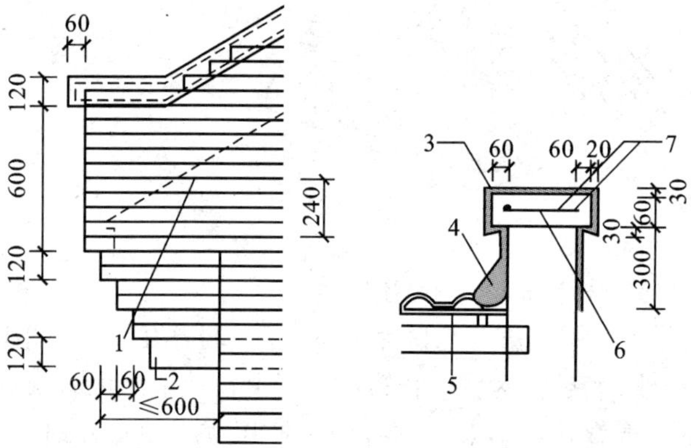

图 8-6　硬山女儿墙泛水构造做法

1—上下两排 3 ф 6 钢筋长 2 000 mm, M5 水泥砂浆砌筑；2—挑梁按工程设计,3—20 厚 1∶2.4 水泥浆；4—1∶1∶4 水泥砂浆加 1.5% 麻刀；5—木基层或框式檩条,挂瓦板基层；6—C20 混凝土；7—2 ф 8 与 ф 4@200 压顶配筋

(2) 硬山屋面通常做白铁踏步泛水,或用小青瓦沿屋面仰贴墙面形成泛水,如图 8-6 和图 8-7 所示。

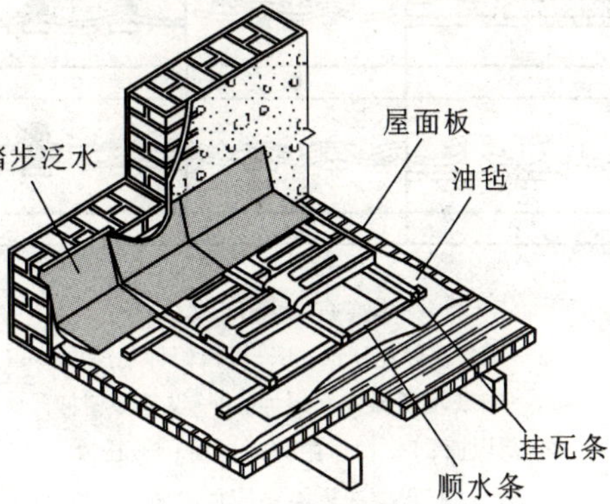

(a)

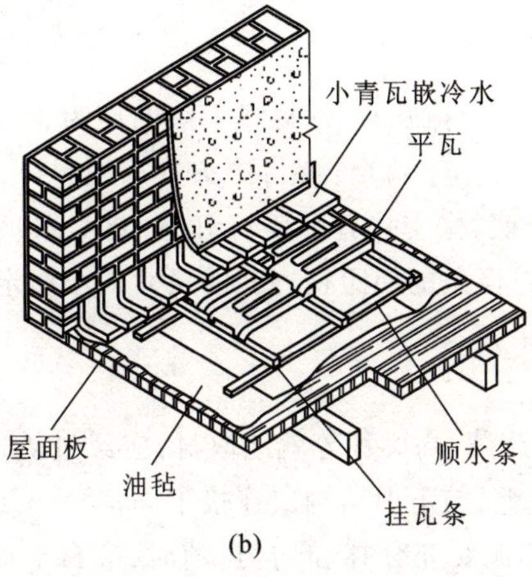

(b)

图 8-7　平瓦屋面泛水构造

第二节　小青瓦屋面

小青瓦又叫蝴蝶瓦,是阴阳瓦的一种,在我国沿用已久。它的铺法分仰瓦屋面和阴阳屋面两种。仰瓦屋面又分有灰埂与无灰埂两种,但铺法比阴阳瓦屋面简单,如图 8-8 所示。

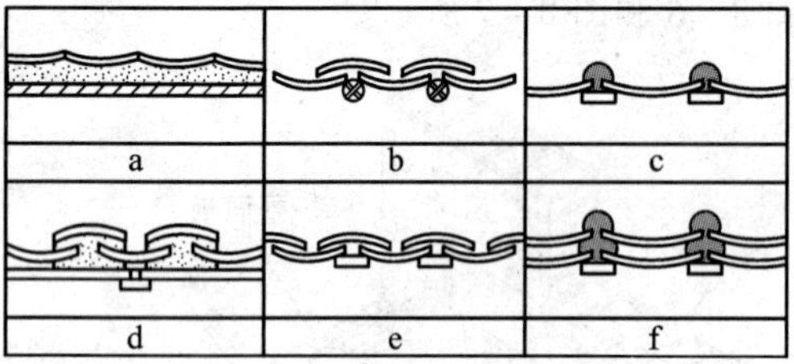

图 8-8 青瓦屋面分类图

a—无灰埂仰瓦屋面;b—楞摊俯仰瓦屋面;
c—有灰埂楞摊仰瓦屋面;d—设基层俯仰
瓦屋面;e—楞摊俯仰瓦屋面;f—楞摊
有灰埂通风隔热仰瓦屋面

一、小青瓦屋面对基层的要求

1. 木基层

阴阳瓦屋面(冷摊瓦)的木椽条一般断面为 30 mm×70 mm,平钉于檩条上,长度不宜小于两个檩距,接头宜采用斜口,左右相邻不得连续超过三个,每个檩、椽交接处都要钉钉,钉要牢靠、平稳(不平处应用小木条垫平再钉);椽条的间距视青瓦的尺寸大小而定(一般为 140 mm 左右),要求其间距相等。

2. 草泥基层

(1) 荆条、芦苇、高粱秆等就地取材,应经过挑选,编成荆笆、苇笆,铺设要均匀、平整,与下面结构层连接牢固;

(2) 各种草泥要充分拌和均匀,铺时,应自下而上,前后两坡同时进行;

(3) 坡面要求基本平整,过高过低处应加以修整。

二、小青瓦屋面铺瓦前的准备工作

1. 堆瓦

小青瓦容易破损,应尽量减少转运,以减少损耗;堆放场地应靠近建筑物;瓦片立放成条形或圆形堆放,高度以5~6层为宜;不同规格的小青瓦应分别堆放。

2. 浆瓦

如青瓦的砂眼、小裂缝较多,可先用清泥浆水浆洗一次,以堵住砂眼、裂缝,保证小青瓦质量,减少屋面渗漏。

3. 上瓦

垂直运输尽量使用提升机具,屋面上传瓦应特别注意安全,如在屋架上铺小青瓦屋面,上瓦应前后两坡同时同方向进行。

4. 摆瓦

小青瓦应均匀而有次序地摆在檩条间,屋脊处应多摆一些,以备做屋脊之用。

三、小青瓦的铺法

小青瓦很薄,易于破损,故与平瓦铺法不同,一般铺前先做脊。小青瓦的屋脊有人字脊(采用平瓦的脊瓦)、直脊(瓦片平铺于屋脊上或竖直排列于屋脊,两端各叠一垛,作为瓦片排列时的靠山)与斜脊(瓦片斜立于屋脊上,左右与中间成对称)等几种。

做脊前,先按瓦的大小确定瓦楞的净距(一般为50~100 mm),事先在屋脊安排好。两坡仰瓦下面用碎瓦、砂浆垫平,将屋脊分挡、瓦楞窝稳,再铺上砂浆,平铺俯瓦3~5张,然后在瓦的上口铺上砂浆,将瓦均匀地竖排(或斜立)于砂浆上,瓦片下部要嵌入砂浆使其窝牢不动。铺完一段用靠尺拍直,再用麻刀灰把缝塞严,露出砂浆抹光,然后可铺屋面小青瓦。

四、小青瓦的铺法施工要点

(1) 檐口第一张底瓦应挑出沿口50 mm,以利排水。

(2) 檐口第一张盖瓦应抬高20~30 mm(2~3张瓦高),其空隙用碎瓦、砂浆嵌塞密实,使整条瓦楞通顺平直(其作用与平瓦屋面的瞒檐条相同,使整楞瓦保持同一坡度),并用麻刀灰抹平压光(俗称扎口),如图8-9所示。

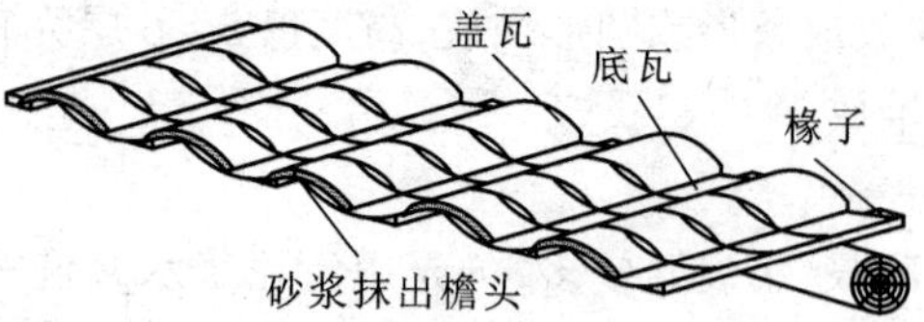

图 8-9　扎口

(3) 不论底盖瓦,每张瓦搭接不少于瓦长的 2/3(俗称“一搭三”),铺时两边搭盖要对称。

(4) 铺完一段,要用 2 m 长靠尺拍直,随铺随拍,使整个屋面从屋脊到檐口保持前后整齐平直。

(5) 檐口瓦楞分档标准做好后,自下而上,从左到右,一条一条的铺设,也可左右同时进行,为使屋架受力均匀,两坡屋面应同时进行。

(6) 悬山屋面、山墙多铺一条盖瓦,挑出半张作为披水。硬山屋面

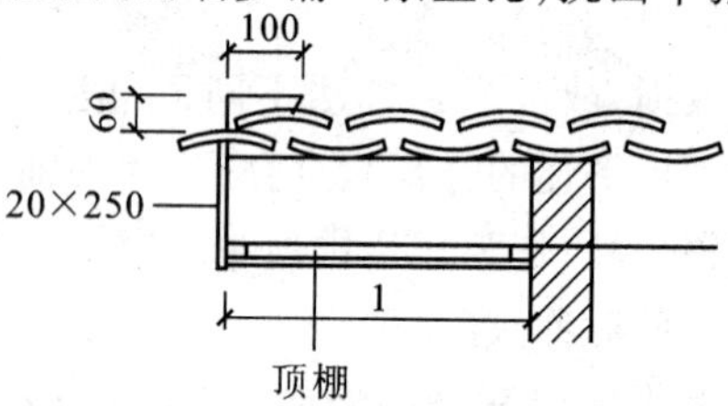

(a) 悬山屋顶披水
1—悬山宽度

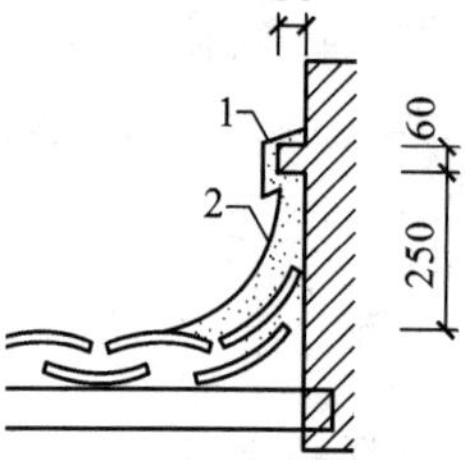

(b) 硬山女儿墙泛水
1—20厚1:2.5 水泥砂浆;
2—1:1:4 水泥石灰砂浆加1.5% 麻刀

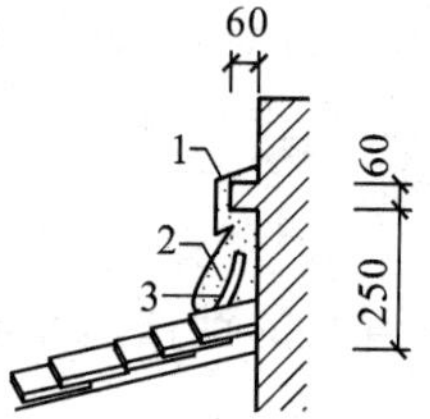

(c) 单面坡屋脊泛水
1—20厚1:2.5 水泥砂浆
2—1:1:4 水泥石灰砂浆加1.5% 麻刀
3— 侧砌瓦一皮

图 8-10　小青瓦屋面泛水构造

用仰瓦随屋面坡度侧贴于墙上作泛水,如图 8 - 10 所示。冷摊瓦屋面,将底瓦直接铺到椽子上。

(7) 我国南方沿海一带,因台风关系,对小青瓦屋面的屋脊及悬山屋面的披水,用麻刀灰顺砌一皮顺砖,或再用麻刀灰刮塞压光(俗称佩带)仰俯瓦(即底盖瓦),搭接处用麻刀灰嵌实压长(俗称杠槽)。盖瓦每隔 1 m 左右用麻刀灰铺砌一块顺砖并与盖瓦缝嵌密实,相邻两行前后错开(俗称压砖)。扎口同前述。这些都是为了防止瓦片被风刮走所采取的措施。

第三节 筒瓦屋面

一、筒瓦的形式

(1) 筒瓦是俯仰瓦屋面中的一种,因瓦的形状呈半圆筒形,所以叫筒瓦。筒瓦按颜色有青筒瓦、红筒瓦及涂有彩釉的琉璃瓦之分。按其铺排的朝向,仰铺相叠连接成沟槽者叫底瓦,底瓦成板状(故又称板瓦),但板面微凹,扁而宽;俯覆于两底瓦之上者叫做盖瓦。

(2) 筒瓦不论是底瓦还是盖瓦都有大小头,使铺叠时弧面能密贴吻合。底瓦于檐口处改用滴水瓦,雨水流经滴水瓦端头下垂的尖圆形瓦片排走。盖瓦于檐口处则用花边瓦或钩头瓦(又称钩头筒)。盖瓦因高出底瓦,其下面形成的空隙靠花边瓦或沟头瓦端部下垂的扇形或圆形瓦片封住,以阻挡鼠雀进入,起保护作用(俗称瓦档)。

二、筒瓦屋面的施工要点

(1) 铺瓦前应对瓦片进行选瓦,凡裂缝、砂眼、缺角、掉边和翘曲者不能用。有的能利用在斜脊处,应集中堆放,待做脊时弹线后再进行加工使用。

(2) 底(盖)瓦与底(盖)瓦相叠搭接均为 30 mm,盖瓦覆于底瓦之上,其搭接一般为 25 ~ 30 mm,底瓦之间净距及沟宽视瓦的规格不同而不同,一般前者为 60 mm,后者为 80 ~ 160 mm。

(3) 铺瓦前先在地上试铺1～2楞,长1 m左右,认为合适后即可画出样棒,然后按此样棒将屋面瓦楞分好。若分一楞不足,半楞有多余,可视山墙形式进行调整(硬山边楞为盖瓦、女儿墙边楞为底瓦,底、盖瓦均要一半嵌入墙中)。

(4) 铺瓦前先将瓦片浇水湿润,以便砂浆与瓦片有较好的粘结力。铺时从下而上,从右到左。或从左到右也可,但必须按分楞弹线进行,底瓦大头朝下。檐口第一张底瓦要离开封檐板50 mm,以利排水。

(5) 如果檐口不用滴水瓦时,第一张底瓦大头应朝下,以便盖瓦覆于底瓦之上有足够的搭接,同时使檐口瓦片大小整齐一致。底瓦下面要用石灰混合砂浆坐浆,并以碎砖碎瓦垫塞密实。

(6) 筒瓦铺完一段后,用靠尺板检查是否平直、整齐、通顺。第二列在底瓦按同法铺出一段长度后即可铺挂盖瓦,此时,在盖瓦下要铺满同样砂浆,但不要超出搭接范围,使盖瓦能坐浆覆上,用手推移找准看搭在两列底瓦上是否对称,如合适即可将盖瓦压实。其余部分均按此法继续铺挂,瓦缝应随铺随勾。

(7) 做脊前,应计划好张数,尽量避免有破活。如铺到屋脊,必须砍瓦时,应用钢锯条锯断,统一加工好开始做脊,其做法与平瓦屋脊同。

(8) 筒瓦与斜脊(或天沟)交接处应先试铺,弹好墨线编好号,待加工好再按编号铺挂。

第四节 屋面瓦的质量与安全要求

一、质量要求

(1) 铺瓦时应尽量不在已铺好的瓦上行走,避免将瓦踩坏。如必须在瓦上行走时,应踩瓦的两头,不踩中间。铺瓦过程中发现破瓦要及时更换,整个屋面铺瓦完毕后应清扫干净。

(2) 铺瓦应平整,搭接紧密,行列横平竖直;檐口瓦出檐尺寸一致,檐头平直整齐。

(3) 屋脊要平直,纵横脊屋搭口和分坡瓦的缝隙,沿山墙挑檐的平瓦与天沟的空隙,均应用麻刀灰浆填实抹平,封固严密。

(4) 平瓦搭盖:

① 脊瓦和坡瓦的搭接长度不小于 40 mm;

② 天沟、斜沟、檐沟铁皮伸入瓦片下长度不小于 150 mm;

③ 瓦头挑出檐口长度 50 ~ 70 mm;

④ 突出屋面的墙或烟囱的侧面瓦伸入泛水的长度不大于 50 mm。

二、安全注意事项

(1) 铺盖屋面瓦片时,檐口处必须搭设防护设施,顶层脚手面应在檐口下 1.2 ~ 1.5 m 处,并满铺脚手板,外排立杆应设护身杆,并高出檐口 1 m 设三道护栏,外挂安全网。第一道应高出脚手面 500 mm 左右,以此往上再设二道。上人屋面应搭设专用爬梯,不得攀爬檐口和山墙上下,每天上班应先检查脚手架的稳固情况。

(2) 雨天和冬期,应打扫雨水和霜雪,并增设防滑设施。

(3) 屋面材料必须均匀堆放,支垫平整。两侧坡屋面要对称堆放,特别是屋架承重时,若不对称堆放可能引起屋架受力不均而倒塌。

(4) 屋面施工系高处作业,散碎瓦片及其他物品不得任意抛掷,以免伤人。

(5) 上岗前应对操作者进行健康检查,有高血压、心脏病、癫痫病者不得从事高处作业。在坡屋面上行走时,应面向屋脊或斜向屋脊,以防滑倒。

想 一 想

1. 简述平瓦屋面的施工程序。

2. 平瓦屋面的施工要求有哪些?

3. 小青瓦屋面铺瓦前的准备工作有哪些?

4. 简述小青瓦屋面的施工要点。

5. 屋面瓦施工对质量及安全有哪些要求?

练 一 练

1. 训练项目:平瓦屋面的铺设。

2. 训练目的:掌握平瓦屋面的铺设方法。

3. 训练要求:进行堆瓦、选瓦、上瓦、摆瓦、挂瓦的练习。

4. 训练时间:4 h。

5. 训练内容:每6人为一小组,用平瓦铺设屋面。

第九章　炉灶、火墙和火炕的砌筑

相关知识： 1. 家用炉灶、火墙和火炕的构造知识；
2. 一般家用炉灶的砌筑工艺和操作要点；
3. 火墙和火炕的砌筑要求。

技能要求： 1. 能砌筑一般家用炉灶。
2. 能进行试火检验。

第一节　家用炉灶砌法

一、家用炉灶的砌筑

一般家用炉灶有火炉和大锅灶。火炉有烟气过火炕的炕炉和烟气直入烟囱的火炉等多种形式。大锅灶有烧柴灶和煤柴两用灶等。

在砌筑前应按设计要求，弄清炉灶所用燃料、锅的数量与直径，布置炉灶位置，进行定位放线。计算出需用材料（砖、灰、砂、水泥、麻刀、黄泥和食盐）及数量，并准备好炉条、炉门和炉盘，拌好水泥砂浆（砌炉灶用）、黄泥砂浆（砌炉膛用）。若房屋已有现成烟囱，砌筑前应用手试探，如感觉有风，或用烟火靠近烟道口时烟能卷进烟囱，就说明烟囱通风良好，可砌筑炉灶。

（一）火炉的砌法

一般的炕炉有平砖砌法和立砖砌法两种。立砖砌法又分单立砌法和双立砌法，双立砌法的砖中间留出 2～4 mm 的空隙，里面要放进干细炉渣，这样可以减少炉体的热量损失。

一般炉灶多为平砖砌法：炉座开始多为 120 mm 顺砖平砌。

（二）大锅灶的砌法

一般大锅灶有平砖砌法和立砖砌法两种。这两种砌法都要在砌体中间留有 30 ~ 50 mm 的空隙,里面填入干细炉渣,这样可防止灶内热量损失,提高灶内温度。

大锅炉灶的砌筑要点:

(1) 炉灶面高度一般不超过 800 mm,太高则厨房工作人员操作不方便,而且容易疲劳。

(2) 多锅的炉灶,砌筑前要弄清各锅的用途,尽量把主要锅子安排远离烟囱,以增强其拨风力,使炉灶火焰更旺。

(3) 多锅的炉灶,共用一个烟囱,应将烟道隔开,使烟从各自烟囱道通入烟囱,以免相互串通,引起冒烟现象。如系同一方向进入烟囱,烟道可分层分槽处理。

(4) 炉灶要比炉灶座挑出 60 mm,炉灶面(即锅台)又比炉灶挑出 60 mm,累计挑出 120 mm,操作者站在灶边,脚不会碰到炉座,可以靠拢锅台,便于操作。

(5) 锅子放进炉灶,锅上口的边沿与炉膛壁接触,最好以 30 mm 为宜,如太多,火焰会被接触面挡住,锅子不旺。

(6) 烧柴的炉灶,一般家用的木柴小,可用钢筋短棍做成炉篦子,摆时要向里倾斜。大型食堂用的木柴大而重,应用成品铸铁炉条,摆时向里倾斜,使火焰向里集中。烧煤因温度高,不论家用还是大型食堂均用炉条,且向里倾斜。

(7) 烧煤的炉灶,主要靠鼓风机送风,烟囱砌过屋脊即可,不必砌得很高。

(8) 回烟道的断面一般为 60 mm × 120 mm(大型炉灶的回烟道以宽 90 ~ 160 mm,高 180 ~ 250 mm 为宜),回烟道从灶口两侧迂回炉膛外壁与烟囱侧面接通,因烟囱正面与炉膛接通处火焰大,拨风力强,回烟无法进入,向灶口迷漫。

(9) 农村炉灶主要烧杂草和树根梗,为了保温起见不做通风道及烟道,使燃料能燃烧较长时间,并免得未烧尽柴火从通风道丢掉。

(10) 烧木屑的炉灶,其炉条常用扁钢 10 mm × 80 mm × 500 mm,放置时从炉口往里作 20°倾斜,上下炉条的间距及搭接各为 20 mm,太大盖住通风不好;太小会使木屑滑下去。几个锅的炉灶无需隔开,形成一个烟道通入烟囱，所以烧木屑的炉灶，一个炉灶可以同时烧 2 ~ 3 个锅子，比较经济，有木材加工的地方较多采用。

（三）大锅灶的砌筑步骤及注意事项

（1）按放线位置先砌炉座，炉座墙厚 180 ~ 240 mm，高 300 ~ 400 mm（一般砌 5 ~ 6 皮砖），长比灶面缩短 120 mm。一个锅的炉座墙砌两道，两个锅的砌三道。

（2）为了满足锅台面两锅净距的要求，有时把中间这一道砌包心墙，当中填碎砖及粘土时炉座墙间的距离一般为 200 ~ 250 mm。

（3）炉座墙砌最后一皮（即第 5 ~ 6 皮），开始挑砖合拢。此时找出两墙之间的中心线在合拢这一皮上划一记号，作为风槽中心位置。

（4）从炉座接着继续往上先砌两皮，周围各挑出 60 mm（靠墙的一边不挑），砌到将近风槽位置时，按中心线留出宽 120 ~ 150 mm，长 150 ~ 200 mm的一块不砌作为风槽，留时应观察烟囱方向，决定其位置的进出。

（5）在炉门墙里侧缺口（即风槽）处铺上炉箅子，铺深 150 ~ 200 mm，此时应注意烟囱的位置，如烟囱在灶口，炉箅子应往里面摆；如烟囱在灶后，炉箅子往前移，以便火焰始终保持在锅的中心。这样在炉箅子之下，合拢砖这一皮之上形成一个风槽，同时又是一个出灰槽。

（6）用样棒对准风槽中心，定出炉膛底及炉门位置，继续砌筑炉身及炉壁。炉箅子周围砌菜刀砖（楔形砖）一皮，将炉箅子压牢固定。

（7）炉门墙厚 120 ~ 180 mm，门高 180 mm（三皮砖），宽 120 ~ 150 mm。炉门口砖应挑出灶外 60 mm，以防柴火丢在地下。

（8）砌炉膛时应注意从炉膛底开始顺势往上向四周放坡（按炉膛上下口径差与深度计算收分），并随时用样棒检查纠正。

（9）从灶口起留出回烟道 60 mm × 120 mm 槽口，绕炉膛从侧向接通烟囱。回烟道留出两皮后，在菜刀砖之上竖砌侧砖一圈作为炉膛的内壁，同时又形成回烟道。

（10）有的不砌菜刀砖，将竖砌的炉膛内壁直接压在炉箅子上。用样板检查锅子中心，如能对准炉膛中心，即可把灶面砖一皮砌上，同时周围挑出 60 mm。砌好后，用三合线（黄土、细炉渣、麻刀）砂浆，刮塞抹平，放上锅子，点燃柴草，进行观察，若灶内烟能从烟道口卷进，说明回烟道通风良好、灶口不倒烟，即可进行灶面抹光。

（11）砌筑时应注意炉灶的高低，可以在炉座墙、通风槽和锅台面三部分进行调整，但炉膛尺寸不变，家用大锅炉灶构造示意如图 9－1 所示。

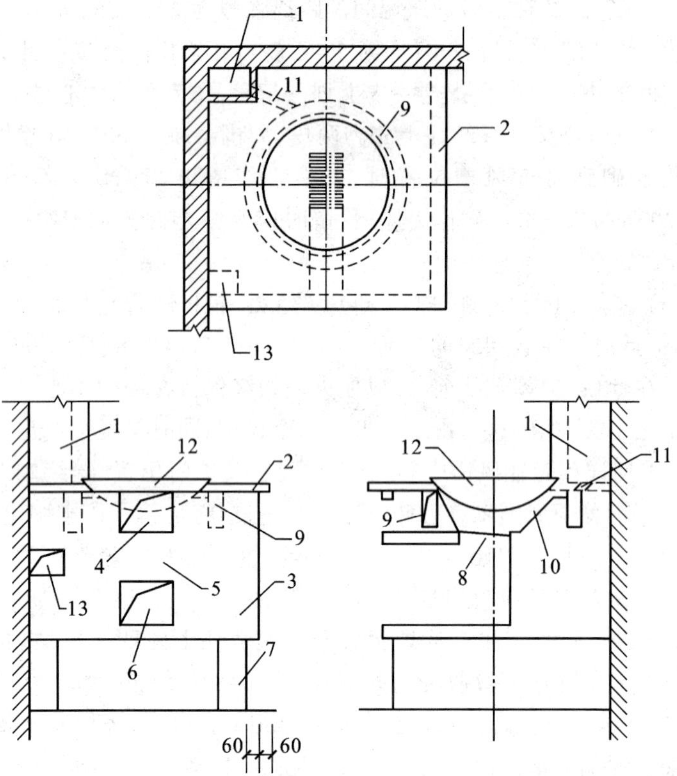

图 9－1　家用大锅炉灶构造

1—烟囱；2—炉灶台；3—炉灶身；4—炉灶门；5—灶口挑砖；6—通风道（又是出灰道）；7—炉灶脚；8—炉栅；9—回烟道；10—灶膛；11—火焰道；12—锅子；13—火柴洞

二、食堂大型炉灶的砌法

食堂大型炉灶由于锅子多,通常呈长方形。靠墙角处砌筑,一般多为转角长方形;若远离墙面砌筑,则为一字式长方形。为了保持厨房清洁,大多数把炉灶门设在墙外,但也有设在墙内的。其砌筑方法及操作要点与家用炉灶大同小异,现提出如下注意事项:

(1) 大型炉灶因燃料用量多,烟雾大,更要强调烟道分锅砌筑,不能共用,以免互相串通,造成烟雾迷漫现象。

(2) 烧煤的炉灶以鼓风机送风,最好炉门设在墙外,以免风机开动,室内卷起灰尘。

(3) 由于锅径较大(一般为 1 000 mm 左右),锅底较深,随之炉膛也深,相应进料位置较低,因此在进料处,往往在地面挖一个坑,有时不挖坑,把灶面抬高再砌踏步。

(4) 炉箅子放置要向里倾斜,使火焰集中,并力求远离烟囱,以增强其拨风力。

(5) 食堂烧煤的大型炉灶通常用耐火砖砌筑炉膛,以免经常修理,造成停伙。

(6) 砌筑炉身时要预埋下水立管一两根并与沟路接通,粉刷灶面时要留出流水槽并做好泛水。

(7) 需要铺瓷砖的灶面,铺前炉灶要先试烧,认为好烧后,方可粘贴。

第二节　火墙、火炕的砌法

一、火墙的砌筑

火炉和火墙是连接在一起的采暖设施,烟气通过火墙,使火炉产生的热量散布的更广泛或更远。下面介绍一般平房火墙的构造及砌筑方法。

(一) 使用材料

火墙与火炉的外壁用粘土砖或土坯砌筑，火炉内膛则须用耐火砖和耐火泥砌筑，以经久耐烧。

（二）构造形式

火墙的形式很多，根据实践经验，以采用横走烟火墙效果较好，其构造如图 9－2 所示（见书末插页）。

火墙一般不作承重墙，是高 2 m 左右、宽为 180～380 mm 的空斗墙，长度根据具体情况而定。

火炉的构造分为炉腿、炉体，炉体又分为炉膛、外壳。炉膛内有炉箅子，外壳有炉门，炉腿中间有炉坑。炉面有铁炉盘炉盖，出烟处和炉墙连通。

（三）火墙砌筑要点

（1）使用材料必须符合要求。如，砖要挑选，不能使用裂缝及缺棱角的砖，耐火泥要提前闷泡，用泥土砌时，土要过筛。

（2）火炉炉膛内要做成圆角，膛要向上收小，炉门及炉箅子要安装牢固，内层可用半砖厚耐火砖砌筑，缝用耐火泥勾封严密；外壳可用普通砖砌。炉体及面层可适当加些铁丝围住炉膛，防止点火后炉体热胀开裂，跑烟及漏气。炉坑内铺砖，要坡向坑外，便于清灰。

（3）砌完火炉，接着砌火墙。

火墙要灰浆饱满，内刮舌头灰要刮净，保持墙面平整，保证不堵塞，不透风、不漏烟，反烟的程序必须符合图纸，使烟通过整个墙体，散热均匀。火墙与火炉交接处要畅通，不得漏烟。火墙底部要留几个掏灰口。

（4）砌完后应进行点火试验，如不漏烟，即可将炉台抹灰，火墙用泥浆刮缝。达到干净美观。

二、火炕的砌法

我国北方地区冬季寒冷，在农村及城镇习惯采用火炕取暖，火炕一般用在居住房屋，也做床铺使用，下面将火炕使用材料、构造形式、砌筑方法作简单介绍。

火炕在构造和砌筑方面，各地区均有适合当地条件的乡土做法。下面介绍东北地区的火炕做法。

(一) 使用材料

火炕要以普通粘土砖砌，农村则多用自制的土坯砖（规格有 320 mm × 180 mm × 180 mm 和 380 mm × 180 mm × 90 mm 两种）砌筑。为了增加炕面土坯砖的抗折强度，有的在土坯中加入两根荆条或竹片。土坯砌的火炕经过 1 ~ 2 年使用要拆换一次，拆下来的旧坯还可作为农田肥料。也有用片石板(厚度不超过 60 mm)做炕面的。砌筑火炕的砂浆材料一般用粘土或砂子掺少量白灰。

(二) 构造形式

火炕一般建在地面上，但也有建在楼层上的（东北地区叫火炕上楼），这就需要考虑在设计上提高楼板的承载能力。根据火炕在室内的位置不同又分为前沿炕、后沿炕及靠山炕。前后沿炕的长度由开间大小决定，一般占满一个开间，宽度为 2 m 左右，高度为 500 ~ 600 mm；靠山炕的长度，根据房屋进深来决定，有占满进深的，也只有占一部分的。火炕从构造上分为架空式及落地式两种。用地炉子点火的落地炕为一般住宅所常用，它在材料要求上比架空式的火炕简单。落地式火炕具有就地取材的优点。我们着重介绍落地式砖砌火炕的构造形式。它的构造一般有四壁炕墙，中间有几道烟垄墙（即烟道）。前后墙顺砌，用 120 mm 厚普通粘土砖（或180 mm厚土坯砖）；两侧墙斗砌，用 53 mm 厚普通砖（或 90 mm 厚土坯砖）；中间烟垄墙用 120 mm 厚普通砖（或 180 mm厚土坯砖），中间空 180 mm（指砖砌）及 240 mm（指土坯砌）两种。还有迎风砖等设置。面上覆盖着的炕面砖，要选没有裂缝结实的砖铺砌，压在烟垄墙上 60 mm（土坯砖 90 mm）。炕沿上没有炕沿木。落地式火炕构造如图 9 – 3 所示。

(三) 落地式火炕砌筑要点

(1) 确定位置，备好材料，做好准备工作。

(2) 先砌炕的四边墙，砌筑时前后墙要求与房屋墙应有一两处 1/4 砖的咬槎，两侧墙用斗砖砌，与承重墙贴牢，砌完后将内部四壁用粘土或砂浆抹面，压实抹光，达到密封——不透风、不漏烟。

(3) 将底部填土夯实 300 mm，然后抹 30 mm 厚的草泥，找出约 2% 坡度，做到烟囱部位高于炉灶处，俗称烟走抬头，便于烟气排出畅通。

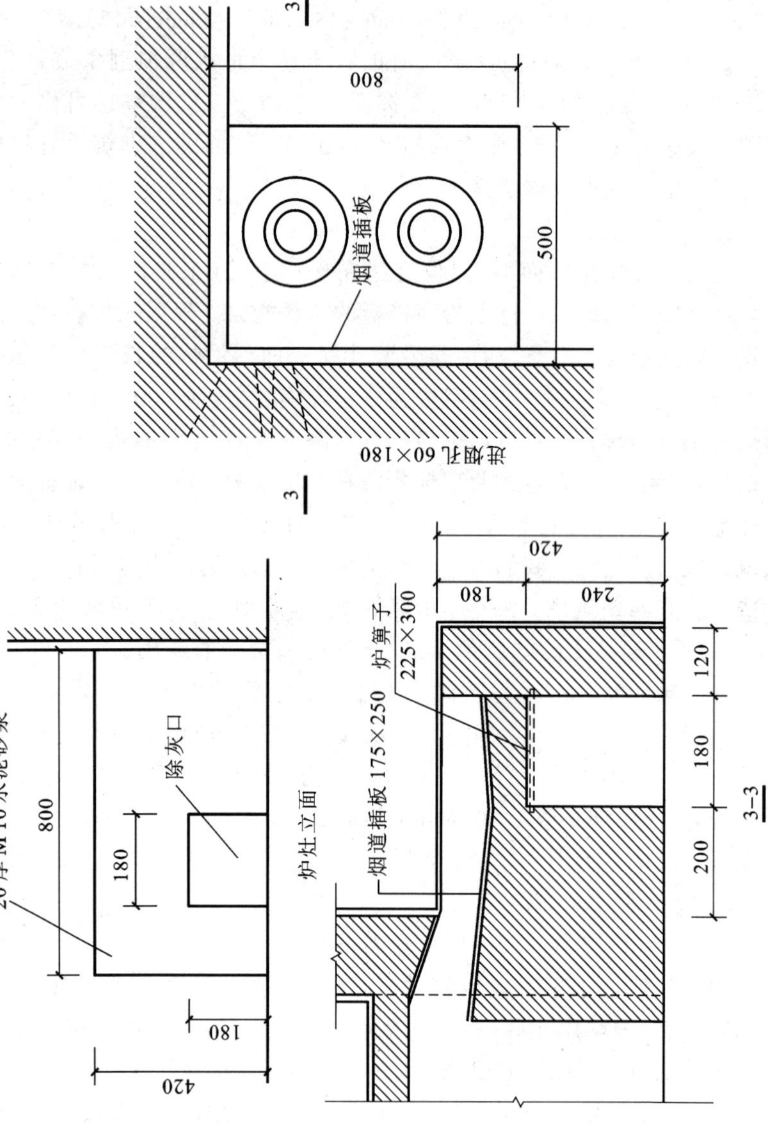

炉灶立面
20厚M10水泥砂浆
除灰口
800
180
180
420
3–3
烟道插板 175×250
炉箅子 225×300
120
180
200
180
240
420
烟道插板
进烟孔 60×180
800
500
3
3

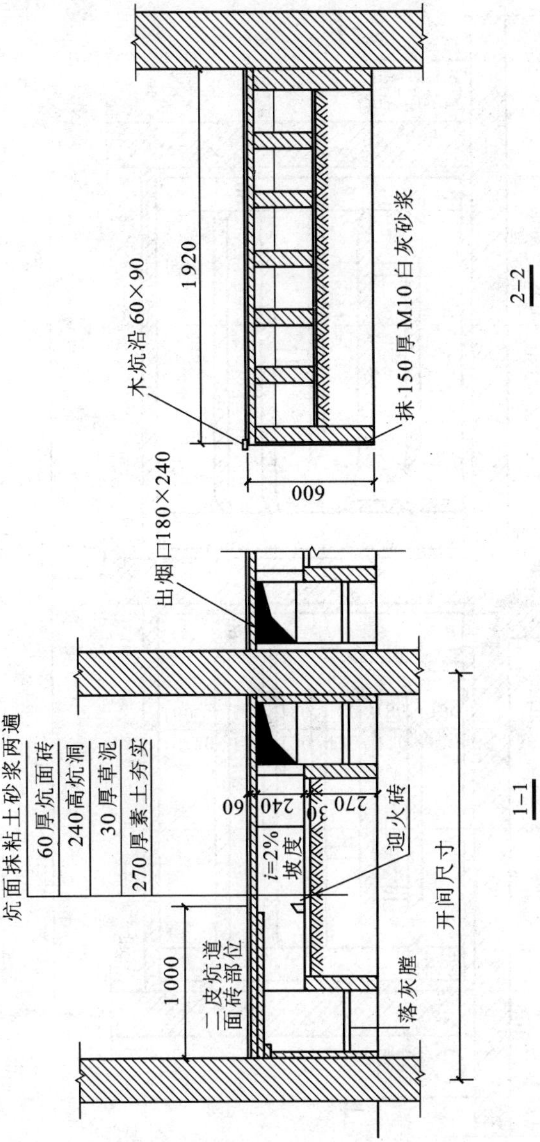
炕面抹粘土砂浆两遍
60厚炕面砖
240高炕洞
30厚草泥
270厚素土夯实
出烟口180×240
木炕沿60×90
1920
600
抹150厚M10白灰砂浆
2–2
1000
二皮炕道
面砖部位
60
240
30
270
i=2%
坡度
迎火砖
落灰膛
开间尺寸
1–1

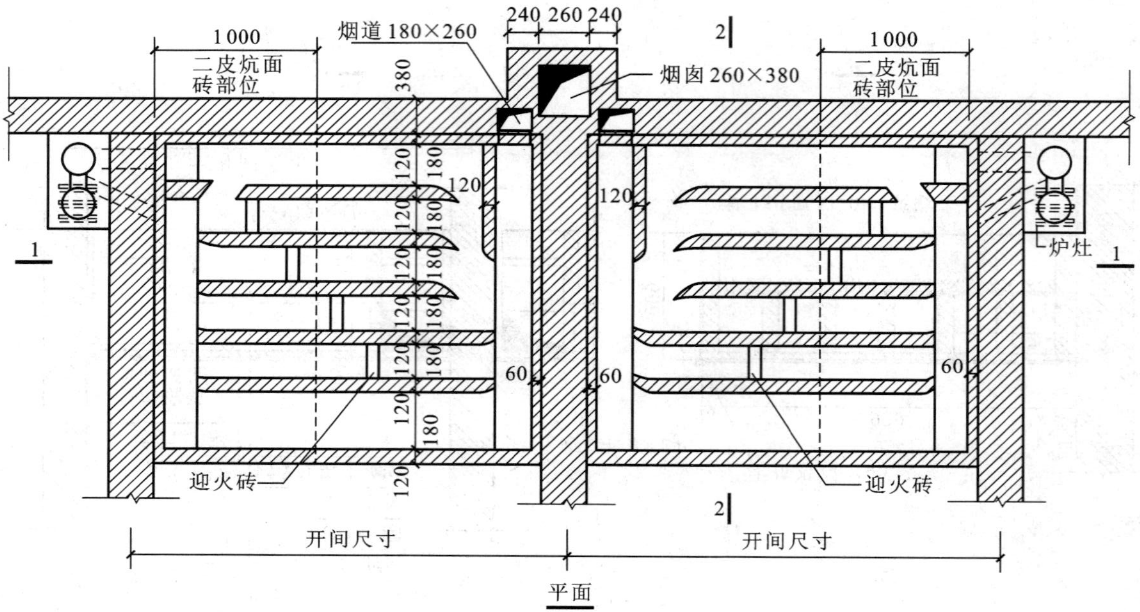
1 000
二皮炕面
砖部位
烟道 180×260
240 260 240
烟囱 260×380
2
1 000
二皮炕面
砖部位
380
120
180
120
60
1
迎火砖
炉灶
开间尺寸
开间尺寸
平面

图 9－3　落地式火炕构造

(4) 在烟囱根部砌迎风砖(400 mm × 240 mm × 240 mm)或设迎风尺,防止刮风倒烟,并留落灰膛。砌烟道墙时,按构造尺寸一道一道砌筑。在靠地炉边的墙要砌低一皮砖,以便铺面时多铺一层砖,防止炕头太热。砌时中间要设置迎火砖,在炉火入口处设置落灰膛。烟道墙随烟气流动方向在转角处砌成圆弧形,以减少烟气阻力。

(5) 砌完烟垄墙检查一遍,确定无遗漏项目,方可选砖铺砌炕面。铺完炕面抹粘土砂浆两遍,压实抹光,并使前沿比里面略高。最后在炕沿安置炕沿木,并将两头嵌入墙内,使它牢固。炕的前沿墙是砖砌的,应勾好缝清扫干净;如用土坯砌筑的,应用粘土砂浆或石灰砂浆抹平压光。

(6) 挖出地炉落灰坑,砌筑地炉。砌完后可用微火试看烟气是否畅通。

想 一 想

1. 简述大锅灶的砌筑步骤及注意事项。

2. 简述火墙砌筑要点。

3. 落地式火炕砌筑要点有哪些?

练 一 练

1. 训练项目:大锅灶砌筑练习

2. 训练目的:掌握大锅灶的砌筑方法。

3. 训练要求:进行摆砖撂底、铺灰、砌砖、刮灰练习。

4. 训练时间:8h。

5. 训练内容:按设计图纸要求,用石灰砂浆砌筑大锅灶,每 4 人为一组,其中 2 人砌筑,2 人供料。

6. 操作评分(见表 9 - 1):

表 9 - 1　大锅灶砌筑评分表

项目	配分	评分标准	得分
水平灰缝砂浆饱满度	12	一组三块平均达 80% 以上得满分,达不到 80% 不得分	

续表

项目	配分	评分标准	得分
外形尺寸、位置	8	第一皮砖外形尺寸与图比较，测4点，允许偏差±5 mm	
垂直度	20	测8个点，允许偏差5 mm	
平整度	10	测4个点，允许偏差5 mm	
游丁走缝	10	测4个点，允许偏差20 mm	
水平灰缝厚度（10皮砖累计数）	10	测4个点，允许偏差±8 mm	
墙面清洁度	10	墙面清洁、干净	
工效	10	按时完成不扣分，按时完成4/5以上扣4分，未达到4/5不得分	
安全	5	无安全事故	
综合印象	5	观感较好，砌筑手法正确	
总计	100		

第十章 窨井、化粪池、下水管道的施工

相关知识：1. 化粪池、窨井的构造知识；
2. 排水管道的种类、规格；
3. 窨井、化粪池的砌筑工艺及操作要点；
4. 窨井、化粪池的质量要求。

技能要求：1. 能按设计要求进行找坡，铺设下水道支、干管；
2. 能砌化粪池和窨井；
3. 能按设计要求对化粪池和窨井进行找平抹灰。

第一节 排水管道施工

排水管道工程是城市给排水工程的一个组成部分。城市给排水工程的任务是安全、卫生、经济、合理地供应人们的日常生活用水，以及生产、消防用水，并且及时有组织、有系统地排除使用后的污水、废水及大气降水（雨水、雪水），以改善环境，提高人们的健康水平，促进生产的发展。由于污水、废水中往往含有有毒、有害物质，会污染环境、危害人畜、传播疾病、妨碍生产，因此，排水管道必须密闭，防止渗漏。

一、地下管道排水系统的组成

地下管道排水系统一般分为污水排放系统和雨水排放系统，均由具有一定坡度的管道和窨井（即检查井）连接而成，而污水排放系统往往还要连接化粪池。

二、下水道支干管的铺设

1. 施工准备

(1) 材料准备:

① 水泥、砂子、碎石或卵石配备充足,材质满足要求。

② 各种管径的管材(水泥管、陶瓦管等)按规格分别堆放,管子的强度、外观要求满足设计要求。管材的强度以出厂合格证为准,凡有裂缝、弯曲、圆度变形而无法承插的或承插口破损的都不能使用。

(2) 工具准备:除小型自带工具外,还须准备绳子、杠子、撬棒、脚手板等。

(3) 作业条件准备:管沟或坑槽土已挖好,垫层已完成。

2. 铺管

(1) 下管:先将需要铺设的管子运到基槽边,但不允许滚动到基槽边,下管时应注意承插口的方向。

下管时可下一节稳一节,也可将管材都下放后才开始稳管。对于较重的管材,若无起重设备,可以采用立管压绳下管,如图 10-1 所示。

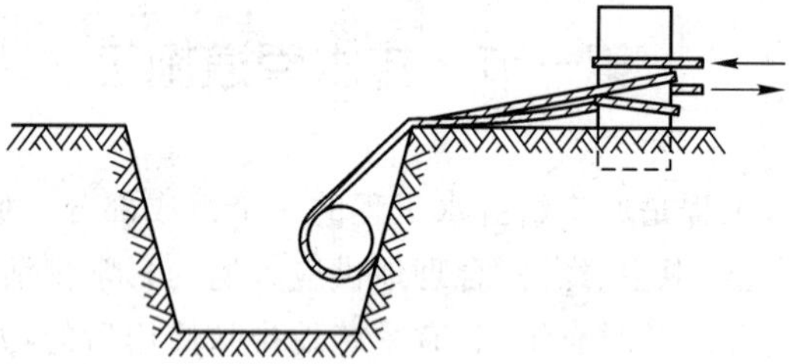

图 10-1 立管压绳下管

(2) 就位顺序:管子的就位应从低处向高处,承插口应处于高一端,如图 10-2 所示。

(3) 就位:当管子到位后,应根据垫层上面弹出的管线位置对中放线,两侧可用碎砖先垫牢卡住。第一节管子应伸入窨井位置内,其伸入长度根据井壁厚度确定,一般管口离井内壁约 50 mm。承插第二节管子时,应先在第一节管子的承插口下半圈内抹上一层砂浆,再插第二节管,使管口下部先有封口砂浆,以便于下一步封口操作。每节管

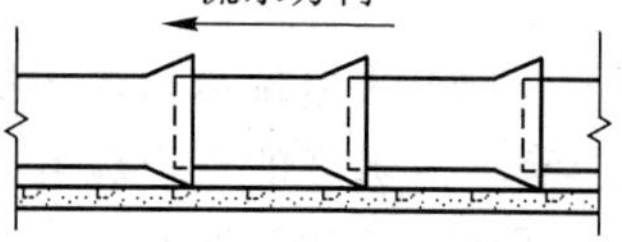

图 10-2 管子就位顺序

都依此方法进行，直至该段管子铺设完成。

从第二窨井起，每个窨井先摆上出水管，但此管暂时不窝砂浆，先做临时固定，待井壁砌到进水管底标高时，再铺进水管。

穿越窨井壁的进、出水管周围要用1:3水泥砂浆窝牢，嵌塞严密，并将井内、外壁与管子周围用同样砂浆抹密实。

当井壁砌完进、出水管面后，井内管子两旁要用砖头砌成半圆筒形，并用1:2.5水泥砂浆抹成泛水，抹好后的形状如对剖开管（俗称流槽），使水流集中，增加冲力。如果管子在窨井处直交或斜交，抹好后如剖开弯头，但弯头的外向应向于内向，以缓冲水的离心力，有利于排水。

3. 封口、窝管

(1) 封口：用1:2水泥砂浆将承插口内一圈全部填嵌密实，再在承插口处抹成环箍状。常温时应用湿草袋洒水养护，冬季应作保温养护。

(2) 窝管：为了保证管道的稳固，在完成封口后，在管子两侧用混凝土填实做成斜角（叫做窝管）。窝管的形状，如图10－3所示。

填混凝土时，注意不要损伤接口处，并应避免敲击管子。窝管完毕与封口一样养护。

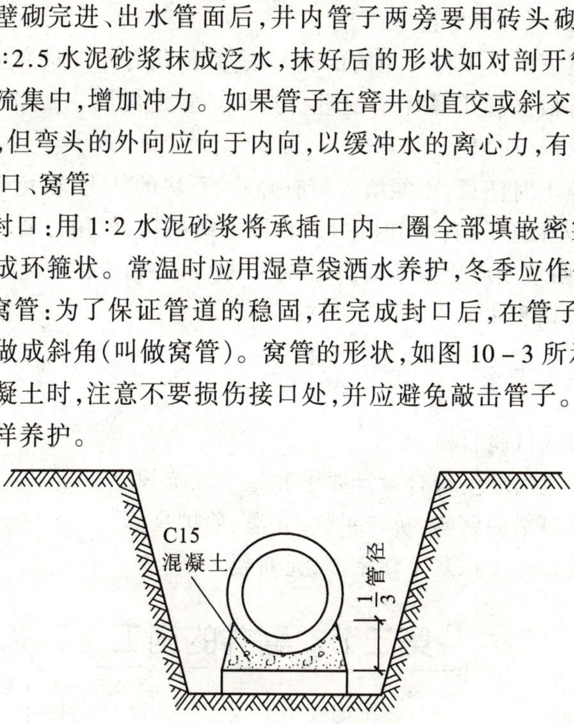

图10－3　窝管形状

三、下水道闭水试验方法

下水道因接头太多，通常分段进行试验，试验方法有如下几种。

1. 分段满灌法

将试验段相邻的上下窨井管口封闭（用砖和粘土砂浆密封和用木板衬垫橡皮圈顶紧密封），然后在两窨井之间灌水，水要高出管面（特别是进水管面)，接着进行逐根检查，如有渗水现象，说明接头不密实，应立即修补。

2. 送烟检查法

将试验段管子一端封闭，在另一端把点燃的杂草或稻草塞入管中，用打气筒送风，若发现某节管有冒烟现象，说明接头处不够严密，会渗水，应修补到不冒烟为止。

以上是下水道工程常用的试验方法，其他还有充气吹泡法、定压观察法等。可根据施工具体情况进行选用。管道经闭水试验修补完成后，应立即进行回填土。

在回填土时注意，不能填入带有碎砖、石块的粘土，以免砸坏管子。回填土时应在管子两侧同时进行，并用木锤捣实，但用力要均匀，以防管子移动，回填土应比原地面高出 50 ~ 100 mm，利于回填土下沉固结，不致形成管槽积水。

四、质量要求

(1) 闭水试验合格。

(2) 管道的坡度符合设计要求和施工规范规定。

(3) 接口填嵌密实，灰口平整、光滑，养护良好。

(4) 接口环箍抹灰平整密实，无断裂。

第二节　窨井的施工

一、窨井的用途与构造

1. 窨井的用途

窨井按用途分为上水管道与下水管道两种。上水管道的窨井有多门阀门井和水表井，为便于观察与开关，一般埋置不深，约在 1 m 左右；下水管道的窨井有生产废水与生活污水之分，一般埋置深度为 1.5 ~ 2.0 m，有的达 3 ~ 4 m。

2. 窨井的构造

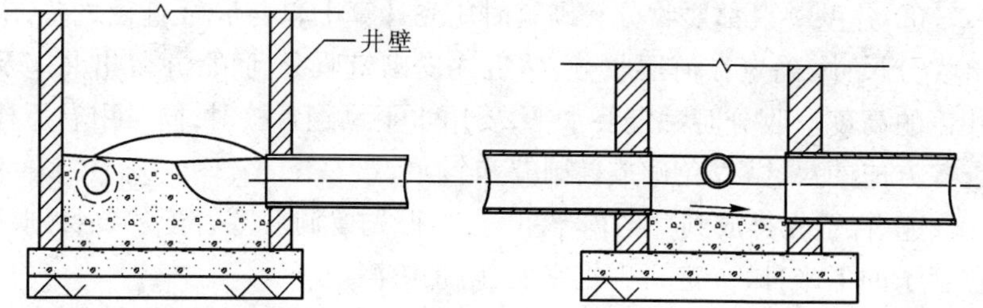

(a) L形管窨井断面图　　(b) 一字形管窨井断面图

图 10 - 4　窨井

窨井由井底座、井壁、井圈和井盖构成，如图 10 - 4 所示。窨井的形状有方形与圆形两种。一般多用圆窨井，在管径大、支管多时则用方窨井。

二、窨井的砌筑工艺及操作要点

(1) 材料准备：

① 普通砖、水泥、砂子、石子准备充足；

② 其他材料，如井底内的爬梯铁脚、井座(铸铁或混凝土制成)、井盖等，均应准备好。

(2) 技术准备：

① 井坑的中心线已定好，直径尺寸和井底标高已复测合格；

② 井的底板已浇灌好混凝土，管道已接到井位处；

③ 除一般常用的砌筑工具外，还要准备 2 m 钢卷尺和铁水平尺等。

(3) 井壁砌筑：

① 砂浆应采用水泥砂浆，强度等级按图纸确定，稠度控制在 80 ~ 100 mm。冬期施工时砂浆使用时间不超过 2 h，每个台班应留设一组砂浆试块。

② 井壁一般为一砖厚(或由设计确定)，方井砌筑采用一顺一丁组砌法；圆井采用全丁组砌法。井壁应同时砌筑，不得留槎；灰缝必须饱满，不得有空头缝。

③ 井壁一般都要收分。砌筑时应先计算上口与底板直径之差，求出收分尺寸，确定在何层收分，然后逐皮砌筑收分到顶，并留出井座及井盖的高度。收分时一定要水平，要用水平尺经常核对，同时用卷尺检查各方向的尺寸，以免砌成椭圆井和斜井。

④ 管子先排放到井的内壁里面，不得先留洞后塞管子。要特别注意管子的下半部，一定要砌筑密实，防止渗漏。

⑤ 从井壁往上每 5 皮砖应放置一个铁爬梯脚蹬，梯蹬一定要安装牢固，并事先涂好防锈漆，如图 10－5 所示。

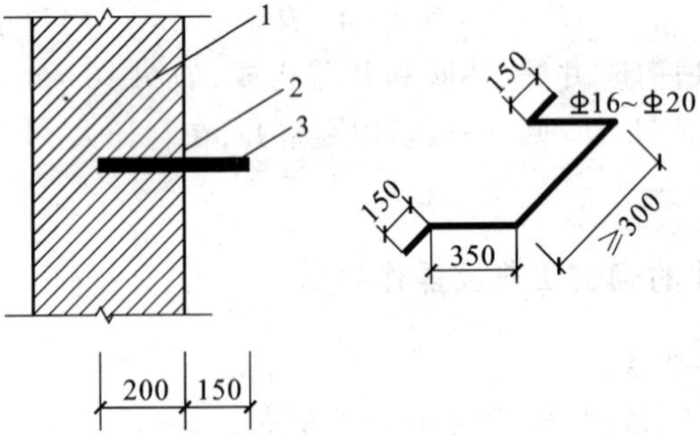

图 10－5　铁爬梯蹬

1—砖砌体　2—井内壁　3—脚蹬

(4) 井壁抹灰：在砌筑质量检查合格后，即可进行井壁内外抹灰，以达到防渗要求。

① 砂浆采用 1∶2 水泥砂浆（或按设计要求的配合比配制），必要时可渗入水泥含量 3%～5%的防水粉。

② 壁内抹灰采用底、中、面三层抹灰法。底层灰厚度为 5～10 mm，中层灰为 5 mm，面层灰为 5 mm，总厚度为 15～20 mm，每层灰都应用木抹子压光，外壁抹灰一般采用防水砂浆五层操作法。

(5) 井底与井盖可用铸铁或钢筋混凝土制成。

在井座安装前，测好水平标高，再在井口先做一层 100～150 mm 厚的混凝土封口，封口凝固后再在其上铺水泥砂浆，将铸铁井座安装好。经检查合格，在井座四周抹 1∶2 水泥砂浆泛水，盖好井盖。

(6) 在水泥砂浆达到一定强度后，经闭水试验合格，即可回填土。

(7) 砌体砌筑质量要求如下：

① 砌体上下错缝，无裂缝；

② 窨井表面抹灰无裂缝、空鼓。

第三节　化粪池的施工

一、化粪池的构造

化粪池由钢筋混凝土底板、隔板、顶板和砖砌墙壁组成。化粪池的埋置深度一般均大于 3 m，且要在冻土层以下。它一般是由设计部门编制成标准图集，根据其容量大小编号，建造时设计人员按需要的大小对号选用。图 10－6 为化粪池的示意图。

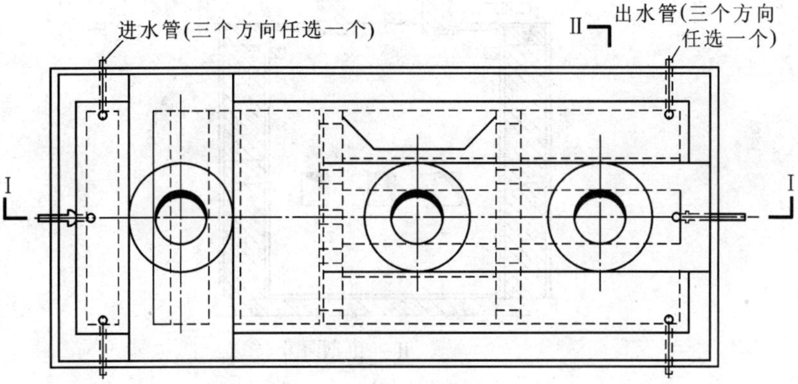

化粪池平面图

(a)

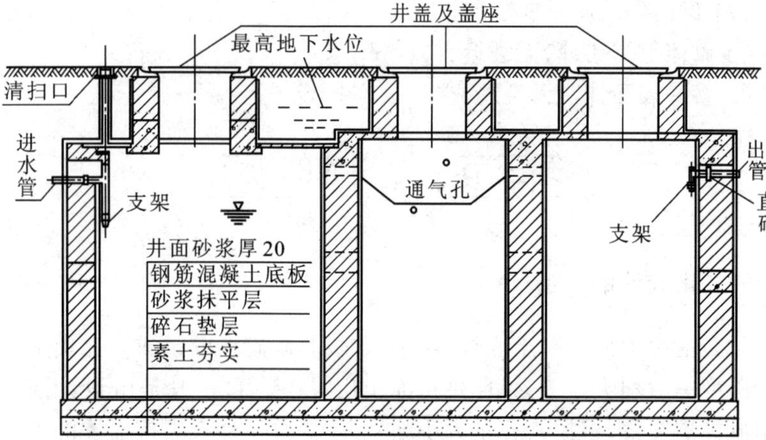

Ⅰ—Ⅰ 剖面图

(b)

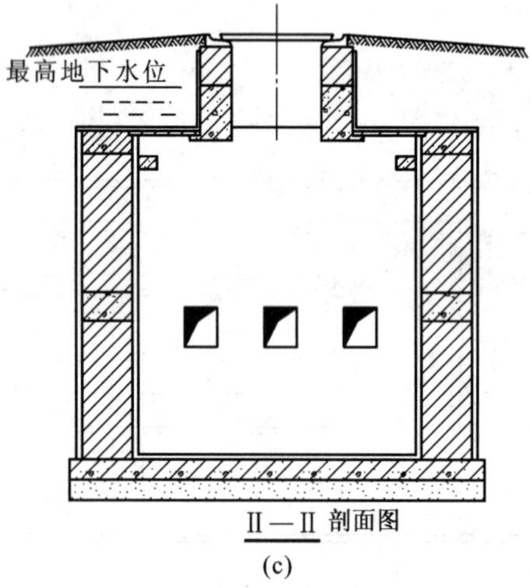

Ⅱ—Ⅱ 剖面图

(c)

图 10-6　化粪池砌筑

二、化粪池的砌法

(1) 准备工作:

① 普通砖、水泥、中砂、碎石或卵石等材料，准备充足；

② 其他如钢筋、预制隔板、检查井盖等，按要求备好料；

③ 基坑定位桩和定位轴线已经测定，水准标高已确定并作好标志；

④ 基坑底板混凝土已浇好并进行了化粪池壁位置的弹线，基坑底板上无积水；

⑤ 已立好皮数杆。

(2) 池壁砌筑：

① 砖应提前 1 d 浇水湿润。

② 砌筑砂浆应用水泥砂浆，按设计要求的强度等级和配合比拌制。

③ 一砖厚的墙可以用梅花丁或一顺一丁砌法，一砖半或二砖墙采用一顺一丁砌法。内外墙应同时砌筑，不得留槎。

④ 砌筑时应先在四角盘角，随砌随检查垂直度。中间墙体拉准线控制平整度，内隔墙应跟外墙同时砌筑。

⑤ 砌筑时要注意皮数杆上预留洞的位置，确保孔洞位置正确和化粪池的使用功能。

(3) 凡设计中要安装预制隔板的，砌筑时应在墙上留出安装隔板的槽口，隔板插入槽内后，应用 1:3 水泥砂浆将隔板槽缝填嵌牢固(图

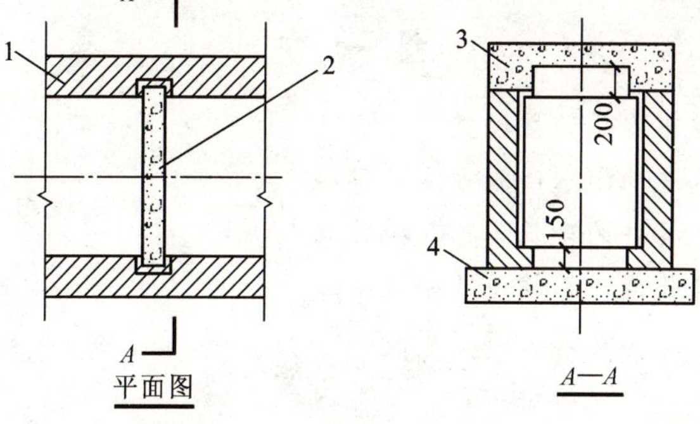

图 10－7　化粪池隔板安装

1—砖砌体；2—混凝土隔板；

3—混凝土顶板；4—混凝土底板

10－7)。

(4) 化粪池墙体砌完后,即可进行墙身内外抹灰。内墙采用三层抹灰,外墙采用五层抹灰,具体做法同窨井。采用现浇盖板时,在拆模之后应进入池内检查并作修补。

(5) 抹灰完毕可在池内支撑现浇顶板模板,绑扎钢筋,经隐蔽验收后即可浇灌混凝土。

顶板为预制盖板时,应根据方位在墙上垫上砂浆,用机具将盖板(板上留有检查井孔洞)吊装就位。

(6) 化粪池顶板上一般有检查井孔和出碴井孔,井孔要由井身砌到地面。井身的砌筑和抹灰操作同窨井。

(7) 化粪池本身除了污水进出的管口外,其他部位均须封闭墙体,在回填土之前,应进行抗渗试验。试验方法是将化粪池进出口管临时堵住,在池内注满水,并观察有无渗漏水,经检查合格符合标准后,即可回填土。回填土时顶板及砂浆强度均应达到设计强度,以防墙体被挤压变形及顶板压裂,填上时要求每层夯实,每层可虚铺 300～400 mm。

(8) 化粪池砌筑质量要求如下:

① 砖砌体上下错缝,无垂直通缝;

② 预留孔洞的位置符合设计要求;

③ 化粪池砌筑的允许偏差同砌筑墙体要求。

想 一 想

1. 叙述下水道的铺设流程。

2. 下水道的闭水试验方法有哪些?

3. 叙述窨井的砌筑工艺及操作要点。

4. 简述化粪池的构造及砌筑要点。

练 一 练

1. 训练项目:化粪池砌筑练习

2. 训练目的:掌握化粪池的砌筑方法。

3. 训练要求:进行摆砖撂底、铺灰、砌砖、刮灰练习。

4. 训练时间:8 h。

5. 训练内容:按设计图纸要求,用石灰砂浆砌筑 30 m^3 的化粪池,240 mm 厚混水墙,每 6 人为一组,其中 4 人砌筑,2 人供料。

6. 操作评分(见表 10 - 1):

表 10 - 1　化粪池砌筑评分表

项　　目	配分	评分标准	得分
水平灰缝砂浆饱满度	12	一组三块平均达 80% 以上得满分,达不到 80% 不得分	
外形尺寸、位置	8	第一皮砖外形尺寸与图比较,测 4 点,允许偏差 ± 5 mm	
墙面垂直度	20	测 8 个点,允许偏差 5 mm	
墙面平整度	10	测 4 个点,允许偏差 5 mm	
墙面游丁走缝	10	测 4 个点,允许偏差 20 mm	
水平灰缝厚度（10 皮砖累计数）	10	测 4 个点,允许偏差 ± 8 mm	
墙面清洁度	10	墙面清洁、干净	
工效	10	按时完成不扣分,按时完成 4/5 以上扣 4 分,未达到 4/5 不得分	
安全	5	无安全事故	
综合印象	5	观感较好,砌筑手法正确	
总计	100		

第十一章　砌筑工程的季节施工

相关知识：1. 冬季施工的准备工作、技术规定；

2. 夏季、雨季施工的注意事项。

第一节　砌筑工程的冬期施工

一、冬期施工的准备工作

施工质量验收规范规定，当预计连续 10 d 内的平均气温稳定低于 + 5 ℃或当日最低气温低于 0 ℃时，砌体工程应按冬期施工采取一定的技术措施，确保工程质量。冬期施工气温的确定，可根据当地旬气象预报或历年气象资料确定。冬期施工要采取防冻保温措施，以使建筑物或基础安全过冬，避免由于冻害，导致墙壁开裂、倾斜等。造成不应有的损失。同时，冬期施工应尽量为开春的施工创造条件，以免出现停工窝工状况。因此，要在经济合理、确保质量的情况下，组织冬期的正常施工，提前做好各项准备工作。

1. 技术准备

(1) 制定冬期施工方案，组织有关人员学习冬期施工措施。在施工程序上要掌握先阴后阳、先上后下、先外后内的原则，按照施工项目进行技术交底，做到人人重视，心中有数。

(2) 入冬前，整个冬期施工阶段及解冻阶段，要有专人收集、整理气象记录，以及实测室外最低温度。

(3) 指定专人负责配制和掺加外加剂，专人负责生火、测温、保温、沉降观察等工作，并事先进行技术安全培训。

2. 材料及工具准备

除常规施工的准备工作外，还要根据工程大小，准备大锅 1 ~ 3 口、盛水大桶 3 只、鼓风机 1 ~ 2 台、炒盘铁板 2 ~ 4 套、温度计 5 ~ 10 支、比重计等工具以及食盐、氯化钙、燃料等。砌体工程量较大的工程，一定要尽力用锅炉来供汽或烧热水拌制砂浆，用蒸汽来加热砂子。不具备上述条件的工程，应提前砌好临时炉灶、火炕、烟囱等，以供热砂、烧水或进行室内加温之用。

冬期施工还要准备好必要的防火设备。

3. 保温措施

搅拌棚应搭设暖棚，对淋灰池、纸筋或麻刀灰须准备好必要的取暖设备。砂子要堆放在向阳处，尽量堆高并加以覆盖。

不通行的外门或窗户，应尽量用塑料布临时封闭或安上玻璃，但要加强保护，以防打碎。门窗缝隙和住室透风的脚手眼要堵严。

所有进出过道门口、垂直运输井架和进楼的施工洞口要挂厚塑料或棉絮帘等挡风装置。

室外临时水管线应埋在冰冻线以下，如果浅埋，应对暂设工程水道、供气管道做好在解冻前的保温维护工作，保证施工中能正常供水、供气。

二、冬期施工技术规定

1. 施工材料

(1) 普通砖、空心砖、灰砂砖、混凝土小型砌块、加气混凝土砌块和石材在砌筑前，应清除表面污物、冰雪等，不得使用遭水浸和受冻后的砖或砌块。

(2) 砂浆宜优先选用普通硅酸盐水泥拌制。冬期砌筑不得使用无水泥拌制的砂浆。

(3) 灰膏、粘土膏或电石膏等宜保温防冻，当遭冻结时，应融化后使用。

(4) 拌制砂浆所用的砂，不得含有直径大于 10 mm 的冻结块或冰块。

(5) 拌和砂浆宜采用两步投料法。水的温度不得超过 80 ℃，砂的温度不得超过 40 ℃。

砌筑材料的质量标准参考表 11－1 的规定，胶结材料及集料的标准参考表 11－2 的规定。

表 11－1　砌筑材料的质量标准

<table>
<tr><th colspan="2">材料名称</th><th>吸水率/%</th><th>要　求</th></tr>
<tr><td>普通粘土砖</td><td>实心
空心</td><td>10～15</td><td rowspan="4">1. 应清除表面污物及冰、霜、雪等
2. 遇水浸泡受冻的砖、砌块不能使用
3. 砌筑时，当室外气温在零度以上普通粘土砖可适当浇水湿润，以吸深 1 cm 为宜，随浇随用，表面不得有游离水</td></tr>
<tr><td>粘土质砖</td><td>实心
空心</td><td>5～8</td></tr>
<tr><td colspan="2">小型空心砌块</td><td>2～3</td></tr>
<tr><td colspan="2">加气混凝土砌块</td><td>70～80</td></tr>
<tr><td colspan="2">石材</td><td>1～6</td><td>除应符合上述第 1 条外，表面不应有水锈</td></tr>
</table>

注：① 粘土质砖系指粉煤灰、煤矸石砖等项；
② 小型空心砌块指硅酸盐质的砌块。

表 11－2　胶结材料及集料的质量标准

材料名称	要　求
水泥	宜采用普通硅酸盐水泥，不可使用无熟料水泥，一般以 32.5 级为宜
砂子	拌制砂浆的砂子不得含有冰块和直径大于 1 cm 的冻结块
石灰膏、粘土膏电石膏	应防止冻结，如已受冻，应经融化后方可使用。受冻面脱水、风化的石灰膏不得使用

2. 施工技术要求

（1）冬期施工在负温度条件下砌筑，砖可不浇水湿润，但砂浆稠度比常温时应增大 10～30 mm，但不宜超过 130 mm，以保证与砂浆的粘结力，砌筑砂浆的稠度应符合表 11－3 的规定。

表 11－3　砌筑砂浆的稠度要求

序号	砌体类型	常温时砂浆稠度/mm	冬期时砂浆稠度/mm
1	实心砖墙、柱	70～100	90～120

续表

序号	砌体类型	常温时砂浆稠度/mm	冬期时砂浆稠度/mm
2	实心砖墙、柱	60 ~ 80	80 ~ 100
3	实心砖墙、拱式过梁	50 ~ 70	80 ~ 100
4	空心墙	50 ~ 70	70 ~ 90
5	石砌体	—	40 ~ 60
6	加气混凝土砌块	—	130

(2) 冬期施工的砖砌体，应按“三一”砌砖法砌筑，灰缝不应大于10 mm。

冬期施工要通过施工方法的限制来提高砌体的施工质量，以保证砌体的最终强度。根据各地的多年经验，“三一”砌砖法和一顺一丁排砖法对提高砌体的质量有好处。

(3) 冬期施工中，每日砌筑后，应及时在砌筑表面进行保护性覆盖，砌筑表面不得留有砂浆，在继续砌筑前，应扫净砌筑表面。

(4) 砌筑工程的冬期施工应优先选用外加剂法。对绝缘、装饰等有特殊要求的工程，可采用其他方法。

外加剂法简便易行，而且氯盐砂浆的价格便宜，防冻效果好，除配筋砌体和有特殊要求的砌体外均优先选用氯盐砂浆法，这种方法在东北地区已推广使用了几十年。

(5) 混凝土小型空心砌块不得采用冻结法施工。加气混凝土砌块承重墙体及围护外墙不宜冬期施工。

采用冻结法施工，一般砂浆强度都要降低，即有强度损失。考虑到混凝土小型空心砌块粘灰面较小，加之冬期操作较常温困难，为保证砌筑质量，规定不得用冻结法砌筑小型空心砌块。内蒙古勘察设计院的研究认为，加气混凝土砌块负温下虽可采取适当措施进行砌筑，但和常温施工相比较，影响砌体强度，特别是砌体水平抗剪强度。加之加气混凝土易吸收水分产生冻害，所以建议加气混凝土砌块承重墙不宜采用冻结法。

(6) 冬期砌筑工程应进行质量控制，在施工日记中除应按常规要求外，尚应记录室外空气温度、暖棚温度、砌筑时砂浆温度、外加剂掺量以及其他有关资料。

(7) 砂浆试块的留置，除应按常温规定要求外，尚应增设不少于两组与砌体同条件养护的试块，分别用于检验各龄期强度和转入常温28 d的砂浆强度。

砂浆试块增设不少于两组，主要作为施工单位控制冬期砌筑的砌体质量、检查强度增长情况的一种内控手段，不作为验评条件。

三、外加剂法

(1) 冬期砌筑采用外加剂法时，可使用氯盐或亚硝酸钠等盐类外加剂拌制砂浆。氯盐应以氯化钠为主。当气温低于 -15 ℃时，也可与氯化钙复合使用。氯盐掺量应按表 11-4 选用。

为防止配筋和预埋铁件发生锈蚀，可采用氯化钠加亚硝酸复合抗冻早强剂，掺量见表 11-5。

(2) 在氯盐砂浆中掺加微沫剂时，应先加氯盐溶液后加微沫剂溶液。

这主要是考虑到在拌制砂浆时，如先加微沫剂后加盐溶液，盐会对微沫剂产生消泡作用，降低微沫剂的效能。

表 11-4　氯盐外加剂掺量(占用水量的质量分数)　%

氯盐及砌体材料种类			日最低气温			
			≥ -10 ℃	-11 ~ -15 ℃	-16 ~ -20 ℃	-21 ~ -25 ℃
氯化钠(单盐)		砖、砌块	3	5	7	—
		砌石	4	7	10	—
(复盐)	氯化钠	砖、砌块	—	—	5	7
	氯化钙		—	—	2	3

注：① 掺盐量以无水氯化钠、氯化钙计。

② 如有可靠的试验依据，也可适当增减盐类的掺量。

③ 日最低气温低于 -20 ℃时，砌石工程不宜施工。

表 11-5　氯化钠加亚硝酸钠含量(占用水量的质量分数)

温　　度	氯化钠/%	亚硝酸钠/%
平均温度大于 -5 ℃	2	3
最低温度大于 -10 ℃		

续表

温度	氯化钠/%	亚硝酸钠/%
平均温度小于 -5 ℃	3	5
最低温度小于 -10 ℃		

(3) 外加剂溶液应设专人配制，并应先配制成规定浓度溶液置于专用容器中，然后再按规定加入搅拌机中拌制成所需砂浆。

砂浆中氯盐掺量应严格按设计要求控制。砂浆中氯盐掺量过少，防冻效果不佳，多余的水分会冻结，达不到氯盐砂浆法的预期效果；掺量太多，砂浆后期强度会显著下降，析盐现象严重，降低砌体的保温性能。

(4) 采用氯盐砂浆时，砌体中配置的钢筋及钢预埋件，应预先做好防腐处理。

水泥砂浆在硬化过程中，由于水化反应的不断进行，生成$Ca(OH)_2$而呈碱性，pH 为 12.5~14。埋在呈高碱性的砂浆中，钢筋表面能形成薄而稳定的钝化膜 Fe_2O_3，从而防止腐蚀。采用氯盐砂浆后，氯离子将破坏钢筋表面钝化膜，形成不均匀的表面和介质环境，因此，不同区域就有不同的电位，从而易产生电化学锈蚀。为了阻止砌体中的钢筋和铁件的锈蚀，要求采用防腐剂措施处理。

(5) 氯盐砂浆砌体施工时，每日砌筑高度不宜超过 1.2 m，墙体留置的洞口，距交接墙处不应小于 500 mm。

(6) 掺用氯盐的砂浆砌体不得在下列情况下采用：

① 对装饰工程有特殊要求的建筑物；

② 使用湿度大于 80% 的建筑物；

③ 配筋、钢埋件无可靠的防腐处理措施的砌体；

④ 接近高压电线的建筑物(如变电所、发电站等)；

⑤ 经常处于地下水位变化范围内，以及在地下未设防水层的结构。

掺盐砂浆施工的砌体一般都有析盐现象发生，影响装饰工程质量和效果。此外由于砂浆中掺了盐，增加了吸湿性和导电性，因此使用氯盐砂浆要受到相关限制。

四、冻结法

冻结法是以不掺化学外加剂的普通水泥砂浆或水泥混合砂浆进行施工砌筑的一种冬期施工方法。冻结法施工的砖石砌体，砂浆冻结后仍留有较大的冻结强度，且能随气温的降低而逐渐提高；当气温升高而使砌体解冻时，砂浆仍然等于冻结前的强度，因而，可保证砌体在解冻期间的稳定和安全。当转入常温时，砂浆强度仍可逐渐增长。冻结法施工时，可根据气温情况适当提高砂浆强度等级 1～2 级。

1. 适用范围

冻结法施工的砌筑砂浆，经历冻结、融化和硬化三个阶段，砂浆和砖石粘结强度将有不同程度的降低，从而增加了砌体在融化阶段的变形。某些砌体由于自身的结构特点或受力状态等原因，采用冻结法施工后，稳定性更差，如果采用加固措施，也比较复杂，且难于保证安全可靠。故以下砌体工程不允许采用冻结法施工：

(1) 空斗墙；

(2) 毛石混凝土砌体和毛石砌体；

(3) 砖薄壳、双曲砖拱、筒拱及承受侧压力的砌体；

(4) 在解冻期间可能受到振动或其他动力荷载的砌体；

(5) 在解冻期间不允许发生沉降的结构；

(6) 混凝土小型空心砌块砌体。

2. 施工技术要求

(1) 采用冻结法施工的砌体，在解冻期内应制定观测加固措施，并应保证砌体对强度、稳定性和均匀沉降的要求。在验算解冻期的砌体强度和稳定时，可按砂浆强度为零进行计算。

冻结法施工要求在解冻期间对砌体强度、稳定进行验算是因为冻结法施工的砌体在解冻过程中有一个砂浆强度为零的阶段，在此阶段如不考虑砌体的强度和稳定问题，有可能出现倒塌事故；另外，砂浆强度为零间接地限制了冬期施工采用冻结法施工的墙体总高度。因此规定对砌体强度和稳定性在解冻阶段要进行验算，是为了防止事故发生。

(2) 当设计无要求,且日最低气温高于 -25 ℃时,砌筑承重砌体砂浆强度等级应较常温施工提高1级;当日最低气温等于或低于 -25 ℃时,应提高2级。砂浆强度等级不得小于 M2.5,重要结构砂浆强度等级不得小于 M5。

对砂浆最低强度等级要求的限制,主要是考虑冻结法砌筑的砂浆一般都有强度损失,当日气温低于 -20 ℃时,可能降低1个强度等级,而且砂浆强度等级不能过低。

(3) 采用冻结法砌筑时,砂浆使用最低温度应符合表 11-6 的规定。

表 11-6　冻结法砌筑时砂浆最低温度　　℃

室外空气温度	砂浆最低温度
0 ~ -10	10
-11 ~ -25	15
< -25	20

对冻结法砌筑时砂浆最低温度的规定,主要是考虑在砌筑过程中砂浆能保持良好的流动性,从而可保证较好的砂浆饱满度和粘结强度,并可在砌体中砂浆冻结之前能有一定的早期强度。

(4) 采用冻结法施工,当设计无规定时,宜采用下列构造措施:

① 在楼板水平面位置墙的拐角、交接和交叉处应配置拉结筋,并按墙厚计算,每 120 mm 配 1 Φ 6,其伸入相邻墙内的长度不得小于 1 000 mm。在拉结筋末端应设置弯钩。

② 每一层楼的砌体砌筑完毕后,应及时吊装(或捣制)梁、板,并应采取适当的锚固措施。

③ 采用冻结法砌筑的墙,与已经沉降的墙体交接处,应留沉降缝。

(5) 为保证砌体在解冻期间的稳定性和均匀沉降,施工操作时应遵守下列规定:

① 施工应按水平分段进行,工作段宜划分在变形缝处。每日的砌筑高度及临时间断处的高度差,均不得大于 1 200 mm。

② 对未安装楼板或屋面板的墙体,特别是山墙,应及时采取措施对临时间断处进行加固,以保证墙体稳定性。

③ 跨度大于 0.7 m 的过梁,应采用预制构件。跨度较大的梁、悬挑结构,在砌体解冻前应在下面设临时支撑,当砌体强度达到设计值的 80%时,方可拆除临时支撑。

④ 在门窗框上部应留出缝隙,其宽度在砖砌体中不应小于 5 mm,在料石砌体中不应小于 3 mm。

⑤ 留置在砌体中的洞口和沟槽等,宜在解冻前填砌完毕。

⑥ 砌筑完的砌体在解冻前,应清除房屋中剩余的建筑材料等临时荷载。

五、其他方法

砌体工程的冬期施工除用外加剂法和冻结法外,还可选用蓄热法、暖棚法、电气加热法、蒸气加热法和快硬砂浆法等施工方法。

1. 蓄热法

蓄热法是在施工过程中先将水和砂加热,使拌和后的砂浆上墙时保持正温(大于 0 ℃),以推迟冻结的时间,在一个施工段内的墙体砌筑完毕后,立即用保温材料覆盖其表面,使砌体中的砂浆在正温下达到其强度的 20%。蓄热法可用于冬期气温不太低的地区(温度在 -5 ~ 10 ℃),以及寒冷地区初冬或初春季节,特别适用地下结构。

2. 暖棚法

暖棚法是利用简易结构和廉价的保温材料,将需要砌筑的工作面临时封闭起来,使砌体在正温条件下砌筑和养护。采用暖棚法要求棚内块材的砌筑温度不得低于 +5 ℃,距离所砌结构底面 0.5 m 处的棚内温度也不低于 +5 ℃,故应经常采用热风装置进行加热。由于搭暖棚需要消耗大量的材料、人工和能源,所以暖棚法成本高,效率低,一般不宜采用,主要适用于地下室墙、挡土墙、局部修复工程的砌筑。

在暖棚内的砌体养护时间,应根据棚内温度,按表 11 - 7 的要求确定。

表 11 - 7 暖棚法砌体的养护时间

暖棚的温度/℃	5	10	15	20
养护时间/d	≥6	≥5	≥4	≥3

3. 电气加热法

电气加热法是在砂浆内通过低压电流,使电能变为热能,产生热量对砌体进行加热,加速砂浆的硬化。电气加热法的温度不宜超过40 ℃。电热法要消耗很多电能,并需要一定的设备,故工程的附加费用较高。仅用于修缮工程中局部砌体需立即恢复到使用功能和不能采用冻结法或外加剂法的结构部位。

4. 蒸气加热法

蒸气加热法是利用低压蒸气对砌体进行均匀的加热,使砌体得到适宜的温度和温度,使砂浆加快凝结与硬化。由于蒸气加热法在实际施工过程中需要模板或其他有关材料,施工复杂,成本较高,功效较低,工期过长,故一般较少使用。只有当蓄热法或其他方法不能满足施工要求和设计要求时方能采用。

5. 快硬砂浆法

快硬砂浆法是在用快硬硅酸盐水泥(75%的普通硅酸盐水泥及25%的矾土水泥)和加热的水及砂拌和制成的快硬砂浆中掺加氯盐(其质量为拌和水的5%),使其在受冻前能比普通砂浆获得较高的强度。适用于热工要求高,湿度大于80%,接触高压输电线路和配筋的砌体。

六、冬期施工的砌体工程质量验收规定

冬期施工的砌体工程质量验收应符合下列各项规定:

(1) 当室外日平均气温连续5 d稳定低于5 ℃时,砌体工程应采取冬期施工措施。

① 气温根据当地气象资料确定;

② 冬期施工期限以外,当日最低气温低于0 ℃时,也应按冬期施工的规定执行。

(2) 冬期施工的砌体工程质量验收除应符合本项规定各条要求外,尚应符合本书前面各章节有关砌体工程施工质量验收规定的要求及国家现行标准《建筑工程冬期施工规程》(JGJ 104—1997)的规定。

(3) 砌体工程冬期施工应有完整的冬期施工方案。

(4) 冬期施工所用材料应符合下列规定:

① 石灰膏、电石膏等应防止受冻,如遭冻结,应融化后使用。

② 拌制砂浆用砂,不得含有冰冻块和大于 10 mm 的冻结块。

③ 砌体用砖或其他块材不得遭水浸冻。

(5) 冬期施工砂浆试块的留置,除应按常温规定要求外,尚应增留不少于 1 组与砌体同条件养护的试块,测试检验 28 d 强度。

(6) 基土无冻胀性时,基础可在冻结的地基上砌筑;基土有冻胀性时,应在未冻结的地基上砌筑。在施工期间和回填土前,均应防止地基遭受冻结。

(7) 普通砖、多孔砖和空心砖在气温高于 0 ℃条件下砌筑时,应浇水湿润。在气温低于、等于 0 ℃条件下砌筑时,可不浇水,但必须增大砂浆稠度。抗震设防烈度为 9 度的建筑物,普通砖、多孔砖和空心砖无法浇水湿润时,如无特殊措施,不得砌筑。

(8) 拌和砂浆宜采用两步投料法。水的温度不得超过 80 ℃,砂的温度不得超过 40 ℃。

(9) 砂浆使用温度应符合下列规定:

① 采用掺外加剂法时,不应低于 +5 ℃;

② 采用氯盐砂浆法时,不应低于 +5 ℃;

③ 采用暖棚法时,不应低于 +5 ℃;

④ 采用冻结法当室外空气温度分别为 0 ~ -10 ℃、-11 ~ -25 ℃、-25 ℃以下时,砂浆使用最低温度分别为 10 ℃、15 ℃、20 ℃。

(10) 采用暖棚法施工,块材在砌筑时的温度不应低于 +5 ℃,距离所砌的结构底面 0.5 m 处的棚内温度也不应低于 +5 ℃。

(11) 在暖棚内的砌体养护时间,应根据暖棚内温度,按表 11 - 7 确定。

(12) 在冻结法施工的解冻期间,应经常对砌体进行观测和检查,如发现裂缝、不均匀下沉等情况,应立即采取加固措施。

(13) 当采用掺盐砂浆法施工时,宜将砂浆强度等级按常温施工的强度等级提高一级。

(14) 配筋砌体不得采用掺盐砂浆法施工。

第二节　夏期、雨期施工

一、夏期施工

在夏期高温、干燥、多风的气候条件下砌筑，常会遇到两种情况。一是铺在墙上的砂浆，不一会就变成干硬状态；二是刚砌筑的砖墙灰缝中，发现砂浆毫无粘结力，一碰即掉的酥松现象，这种情况叫做砂浆脱水。造成脱水的主要原因是砖与砂浆中的水分，在干热的气温下急剧地蒸发，砂浆中的水泥还没有很好地“水化”就失水，无法产生强度。这将会严重影响砌体的质量。因此，在夏期施工时应注意如下事项：

(1) 在夏期施工时，砌筑用的砖要充分浇水湿润；

(2) 及时调整砂浆级配，提高砂浆的保水性及和易性；

(3) 砂浆随拌随用，不要一次拌得过多；

(4) 每天完成可砌高度，待砂浆初凝后，应在墙面上浇水养护，补充被蒸发失掉的水，使砂浆中的水泥得到充分的“水化”反应，以确保其强度。

二、雨期施工

雨水季节对砌体工程施工影响很大，砖块由于含水量大而在墙上产生浮滑；水平灰缝和竖缝内的砂浆因雨水淋刷而流空，墙产生变形；清水墙面变脏。因此，一般雨天停止施工墙体。但为了完成任务，采取一些相应的措施后，可在大雨后或小雨时进行施工。

(1) 砖要集中堆放，以便用塑料薄膜、竹席等覆盖，对少量湿砖可以和干砖混合起来用。

(2) 搅拌砂浆用砂，宜用中粗砂，因为中粗砂拌制的砂浆收缩变形小。另外，要减少砂浆用水量，防止砂浆离析。

(3) 适当地缩小砌体的水平灰缝，减少砌体的压缩变形，水平灰缝宜控制在 8 mm 左右。

(4) 砂浆在储存和运输过程中，为避免淋雨，应覆盖起来，砌墙铺砂浆时，不宜铺得太长，以免雨水冲淋。每天的砌筑高度宜控制在1.2 m以内。

(5) 根据雨季长短及工程实际情况，可搭活动的防雨棚，随砌筑位置变动而搬动，若短时小雨，可不必采取此措施。

(6) 收工时在墙上盖一层砖，并用草帘加以覆盖，以免雨水将砂浆冲掉。

(7) 工作场地、运输道路以及脚手板应采取适当的防滑措施，确保安全。

想 一 想

1. 什么情况下属于冬期施工阶段？
2. 砌砖工程冬期施工方法有哪几种？
3. 雨期砌筑工艺应采取哪些防范措施？
4. 夏期施工时应注意哪些事项？
5. 什么叫砂浆“脱水”？造成脱水的主要原因是什么？

附录：砌筑工初级技能鉴定模拟试题及参考答案

理论部分

一、是非题（正确答案写在本题括号内）

1. 普通烧结砖的强度等级是由抗压强度等级来控制的。（×）

2. 间隔式基础大放脚每两皮砖放出1/4砖与每皮砖放出1/4砖相间隔。（√）

3. 冷摊瓦屋面的构造方法是在檩条上钉椽条，椽条上钉挂瓦条，直接进行挂瓦。（√）

4. 数日连降雨水，砌砖时就不用再浇水，并应减小砂浆的稠度。（√）

5. 接槎处灰浆密实，砖缝平直，每处接槎部位水平灰缝厚度小于5 mm或透亮的缺陷不超过10个的砌体质量等级为合格。（√）

6. 向屋面运瓦时，由于人手少，可安排上完一面坡再上另一面坡。（×）

7. 条型砖基础由垫层、大放脚、基础墙三部分组成。（√）

8. 砂浆中微沫剂的掺量以水重的0.007～0.01为宜。（√）

9. 百格网的用途是检查砌体水平灰缝的砂浆饱满度。（√）

10. 砌块的搭接错缝应不少于1/3砌块高，且不小于15 cm。（√）

11. 现场气温如大于30 ℃，水泥砂浆应在4 h内用完。（×）

12. 砖砌体水平灰缝和立缝最小不得小于8 mm，最大不得大于12 mm，以10 mm为宜。（√）

13. 塞尺是用来测量墙柱的垂直度和平整度的。（×）

14. 砌块墙在施工分段处或临时间断处应留直槎。（×）

15. 抗震设防地区，在墙体内放置拉结筋，一般要求沿墙高每 500 mm设置一道。(√)

16. 水泥出厂日期超过 3 个月，不经试验鉴定可以使用。(×)

17. 清水墙面的破活最好赶在窗下不明显的地方。(√)

18. 为增强墙身的横向拉力，毛石墙每 0.7 m^2 的墙面至少应设置一块拉结石。(√)

19. 砌体临时间断处的高度差不得超过 4 m。(×)

20. 生石灰熟化成石灰膏时，应用网过滤并使其充分熟化，熟化时间不得少于 7 d。(√)

21. 以所建房屋的首层室内地面的高度作为零点，写作 ±0.000，是相对标高。(√)

22. 普通砖吸水率越高质量越好。(×)

23. 线锤的垂线与托线板的墨线重合表示垂直。(√)

24. 干净的海水可用做砂浆的拌和用水。(×)

25. 有高低台的基础，应从低处砌起，并由高台向低台搭接。(√)

26. 脚手架上放毛石不得超过 3 层。(×)

27. 冬期施工，为了有利于砌体强度的增长，应对砌块预先浇水湿润。(×)

28. 砌出檐砖时，应先砌顶砖，锁住后再砌第二皮出檐砖。(√)

29. 砌 370 mm 墙时先砌丁砖后砌条砖，这样砌出来的墙面质量较好，效率也高。(×)

30. 标准普通烧结砖的尺寸是 240 mm × 115 mm × 53 mm，每块砖干燥时约为 2.5 kg，吸水后约为 3 kg。(√)

31. 皮数杆就是在小方杆上画出砖的皮数。(×)

32. 瓦的用途是铺盖于坡屋面起防水作用。(√)

33. 砖石碹和砖过梁适用于抗震设计烈度 8 度以上。(×)

34. 拌和砂浆时，如果没有磅秤，各种原材料可以不用计量就进行拌和。(×)

35. 单排脚手架每平方米堆料不得超过 270 kg，双排脚手架每平方米堆料不得超过 540 kg。(×)

36．硅酸盐类砖的规格为 240 mm × 115 mm × 53 mm，与砂浆的粘结力较差。（√）

37．钢筋砖过梁的钢筋端头弯钩应为 180°，并且平放在水平灰缝中。（×）

38．方尺用于检查砌体转角的垂直平整度。（×）

39．240 mm 墙上不准走人，但 370 mm 以上的墙上可以走人。（×）

40．混水填充墙砌到梁底或板底时，可以与平面交角 45° ~ 60°的斜砌砖顶紧。（√）

41．石墙勾缝前也要浇水湿润。（√）

42．砌窨井时，每个台班或每座井应留设一组砂浆试块。（√）

43．冬期施工围墙时，也可用白灰砂浆砌筑。（×）

44．施工人员在脚手架上施工时可多人集中在一起讨论施工方法，但不准玩笑打闹。（×）

45．毛石砌体拉结石的长度要求是墙厚的 2/3 以上。（√）

46．在瓦屋面上行走时，要踩在瓦的中间，不要踩在瓦头上，防止踩坏瓦造成漏雨。（×）

47．排水管就位应从低处向高处，承插口应位于低的一端。（×）

48．一等品普通烧结砖的完整面不应少于一个条面和一个顶面。（√）

49．砌毛石基础砂浆用的砂子可不过筛。（√）

50．毛石墙每天的砌筑高度不得超过 1.2 m。（√）

51．砂浆的使用温度不应低于 +5 ℃。（√）

52．排水管道接口环箍抹灰应平整密实，无断裂，宽度基本一致。（√）

53．大铲用于铲灰、铺灰和刮浆，是实施“三一”砌筑法的关键工具。（√）

54．空斗墙砌筑不够整砖时，可砍制成七分头或半砖。（×）

55．高温干燥季节，上午砌筑的砌体，下午就应该洒水养护。（√）

56．毛石砌体的拉结石要上下层相互错开，在端上呈梅花形分布，并且要在里外两面交错放置。（√）

57. 当日最低气温低于 -25 ℃时，砌筑承重砌体的砂浆强度等级应比常温施工提高一级。(√)

58. 土建施工图的看图方法是"由里向外看，由小到大看，由细到粗看；图样与说明互相看；建施与结施对着看，设备图纸最后看"。(×)

59. 托线板是用来检查墙的垂直和平整用的。(√)

60. 钢筋砖过梁的第一皮砖应砌成顺砖。(×)

61. 楼层砌砖时，在楼板上砖的堆放不能太多，不准超过三皮砖。(×)

62. 毛石基础有台阶形和锥台式两种。(√)

63. 承插口有裂缝但无缺口的排水管仍可使用。(×)

64. 吸水率高的砖容易遭受冻害的侵袭，一般用在基础和外墙等部位。(×)

65. 砌弧形碹时，拱座的坡度线要与胎膜垂直。(√)

66. 砌砖墙时，与构造柱连接处应砌成大马牙槎，每一马牙槎沿高度方向不应超过 50 cm。(×)

67. 闭水试验是管道从铺设到窝管完毕养护结束后，进行质量检查的一个方法。(√)

68. 砖墙砌到现浇楼板底时，砌低一皮砖目的是使楼板的支承处混凝土加厚，支承点得到加强。(√)

69. 檐口瓦伸出长度过大，就可能在大风时被刮掉。(√)

70. 挂线长超过 20 m 时，要用腰线砖托住准线。(√)

71. 砌筑出檐墙时，要先砌墙面，后砌墙身。(×)

72. 石砌体的角石要求至少有两个平正且近于垂直的大面。(√)

73. 砌块砌筑前不需浇水湿润。(×)

74. 如果是坡屋面，烟囱要超出屋脊至少 50 mm 以上。(×)

75. 龙门板上标有轴线位置，且上口是建筑物的相对标高 ±0.000。(√)

76. 砌块在砌筑前浇水湿润，是为了施工方便。(×)

77. 水平灰缝太厚，可能会使砌体产生滑移，对墙体结构不利。(√)

78. 采用掺盐砂浆砌筑时，应对拉结筋做防腐处理。(√)

79. 砌筑化粪池的关键是正确留置预留洞。(√)

80. 在坡屋面上行走时，要面向屋脊或斜向屋脊防止滑倒。(√)

81. 砂浆中添加微沫剂可改善砂浆的塑性和保水性。(√)

82. 勾缝的顺序是先上后下，先勾横缝，后勾竖缝。(√)

83. 校正砌块时，可在灰缝中塞石子或砖片。(×)

二、选择题(正确答案写在每题横线上)

1. __B__不能达到较高强度，但和易性较好，使用操作起来方便，广泛地用于工程中。

A. 水泥砂浆　B. 混合砂浆　C. 石灰砂浆　D. 防水砂浆

2. 钢筋砖过梁在配筋长度范围内的砌体砂浆强度等级要比砌墙用砂浆提高一级。砌的高度为跨度的__B__。

A. 1/2　B. 1/4　C. 1/8　D. 1/16

3. 平瓦的铺设，挂瓦条分档均匀，铺钉牢固，瓦面基本整齐，质量应评为__A__。

A. 合格　B. 不合格　C. 良　D. 优良

4. 普通烧结砖一等品的长度误差不得超过__C__。

A. ±2 mm　B. ±4 mm　C. ±5 mm　D. ±7 mm

5. 安装过梁时，发现过梁有一条微小的通缝__B__。

A. 可以使用　B. 不可以使用

C. 修理后可以使用　D. 降低等级使用

6. 铺盖屋面瓦片时，檐口处必须搭设防护设施，顶层脚手板排立杆高出檐口，设__C__道护身栏。

A. 1　B. 2　C. 3　D. 4

7. 在同一皮砖层内一块顺砖一块丁砖间隔砌筑的砌法是__B__。

A. 满丁满条砌法　B. 梅花丁砌法

C. 三顺一丁砌法　D. 顺砌法

8. M5 以上砂浆用砂，含泥量不得超过__B__。

A. 2%　B. 5%　C. 10%　D. 15%

9. 窗台出檐砖的砌法是在窗台标高下一层砖，根据分口线把两头的砖砌__A__。

A. 过分口线 6 cm，出墙面 6 cm

B. 过分口线 6 cm，出墙面 12 cm

C. 过分口线 12 cm，出墙面 6 cm

D. 过分口线 12 cm，出墙面 12 cm

10. 基础墙身偏移过大的原因是__A__。

A. 大放脚收台阶时两边收退不均匀

B. 砌大放脚时准线绷得时松时紧

C. 砌块尺寸误差过大

D. 砂浆稠度过大造成墙体滑动

11. 挂平瓦时，靠脊瓦的一排平瓦伸入脊瓦应不小于__B__。

A. 20 mm　　B. 40 mm　　C. 60 mm　　D. 120 mm

12. 一般高 2 m 以下的门口每边放__B__块木砖。

A. 2　　B. 3　　C. 4　　D. 5

13. 钢筋砖过梁的钢筋两端伸入砖体内不小于__D__。

A. 60 mm　　B. 120 mm　　C. 180 mm　　D. 240 mm

14. 基槽边__B__以内禁止堆料。

A. 50 cm　　B. 100 cm　　C. 150 cm　　D. 200 cm

15. 砌筑明沟，其明沟中心线__C__。

A. 要在檐口中心线外边

B. 要在檐口中心线里边

C. 与檐口中心线重合

D. 可随便设置

16. 混水墙水平灰缝平直度为__C__mm。

A. 5　　B. 7　　C. 10　　D. 20

17. 连续__B__天平均气温低于 5 ℃时，砌筑工程即按冬期施工进行。

A. 5　　B. 10　　C. 15　　D. 30

18. 配制微沫剂水溶液时，所需热水温度不得低于__D__。

A. 22 ℃　　B. 30 ℃　　C. 50 ℃　　D. 70 ℃

19. 雨天施工,砂浆的稠度应当减小,每日砌筑高度不宜超过 C 。

A. 1.8 m　　B. 4 m　　C. 1.2 m　　D. 1.5 m

20. 水泥有机塑化剂和冬期施工中掺用的氯盐等配料的精确度应控制在 A %以内。

A. ±2　　B. ±5　　C. ±7　　D. ±10

21. 砌体砂浆必须密实饱满,实心砖砌体水平灰缝的砂浆饱满度不少于 C 。

A. 70%　　B. 75%　　C. 80%　　D. 85%

22. 砌块砌体在纵横的丁字接头或转角处,不能搭接或搭接长度小于 A 时,应用钢筋片或拉结条连接。

A. 15 cm　　B. 20 cm　　C. 25 cm　　D. 30 cm

23. 砌筑钢筋砖过梁时,钢筋伸入支座砌体内不小于 C 。

A. 120 mm　　B. 180 mm　　C. 240 mm　　D. 360 mm

24. 管道铺设出现渗漏的原因是 A 。

A. 基础承载力不够,发生不均匀沉降

B. 养护不及时

C. 坡度不符合设计要求

D. 管材型号不符合质量标准

25. 砖砌平碹一般适用在 A m以内的门窗洞口。

A. 1.2　　B. 1.8　　C. 2.1　　D. 2.4

26. 挂平瓦时,屋面坡度大于 B 时,所有的瓦都要用铅丝固定。

A. 15°　　B. 30°　　C. 45°　　D. 60°

27. 砖浇水过多及遇雨天时,砂浆稠度宜采用 A 。

A. 4~5 cm　　B. 5~7 cm　　C. 7~8 cm　　D. 8~10 cm

28. 砂子因粗细的不同有粗砂、中粗砂、中砂、细砂和特细砂。砌筑砂浆用砂一般以 B 为好。

A. 粗砂　　B. 中砂　　C. 细砂　　D. 特细砂

29. 造成水平灰缝高低不平的原因是 A 。

A. 准线绷得时松时紧

B. 砂浆稠度过大或过小

C. 砂浆铺得过厚

D. 没有按“三一”砌砖法操作

30. 加气混凝土砌块作为承重墙时，纵横墙的交接处及转角处均应咬槎砌筑，并应沿墙高每米在灰缝内配置 2 φ 6 钢筋，每边伸入墙内__B__。

A. 0.5 m　　B. 1 m　　C. 1.5 m　　D. 2 m

31. 掺入微沫剂的砂浆要用机械搅拌，拌和时间自投料算起为__C__。

A. 1.5 ~ 2 min　B. 2 ~ 2.5 min　C. 3 ~ 5 min　D. 6 ~ 7 min

32. 清水墙表面平整度为__C__mm。

A. 3　　B. 4　　C. 5　　D. 8

33. __B__一般应用于基础、长期受水浸泡的地下室墙和承受较大外力的砌体中。

A. 防水砂浆　B. 水泥砂浆　C. 混合砂浆　D. 石灰砂浆

34. 砌体接槎处灰缝密实，砖缝平直。每处接槎部位水平灰缝厚度小于 5 mm 或透亮的缺陷不超过__C__个的为合格。

A. 5　　B. 6　　C. 10　　D. 15

35. 盘角时，砖层上口高度一般比皮数杆标定的皮数低__C__。

A. 1 ~ 5 mm　B. 5 mm　C. 5 ~ 10 mm　D. 10 ~ 15 mm

36. 发碹时，灰缝的厚度__D__。

A. 上口不得超过 12 mm，下口不得小于 8 mm

B. 上口不得超过 13 mm，下口不得小于 7 mm

C. 上口不得超过 14 mm，下口不得小于 6 mm

D. 上口不得超过 15 mm，下口不得小于 5 mm

37. 砖墙与构造柱之间沿高度方向放置的水平拉结筋，每边伸入墙内不少于__B__。

A. 50 cm　B. 100 cm　C. 150 cm　D. 200 cm

38. 出现“螺丝墙”的主要原因是__C__。

A. 皮数杆不标准

B. 没有拉通线砌筑

C. 操作者将提灰、压灰搞反了

D. 没有按“三一”砌砖法施工

39. 砌块错缝与搭接小于__B__时，应采用钢筋或钢筋网片连接加固。

A. 60 mm　　B. 90 mm　　C. 120 mm　　D. 150 mm

40. 化粪池渗漏的原因是__B__。

A. 化粪池混凝土底板强度等级不够

B. 抹灰层空裂

C. 砂浆强度等级不高

D. 灰缝饱满度不够 80%

41. 清水墙面勾缝深：平缝一般凹进墙面约__A__。

A. 3 ~ 5 mm　　B. 5 ~ 8 mm　　C. 3 ~ 4 mm　　D. 4 ~ 5 mm

42. 在平均气温高于__B__时，砖应该浇水湿润。

A. −3 ℃　　B. +5 ℃　　C. 0 ℃　　D. +10 ℃

43. 一等品烧结砖的厚度允许偏差为__A__。

A. ±3 mm　　B. ±5 mm　　C. ±7 mm　　D. ±10 mm

44. 清水墙面游丁走缝的允许偏差是__C__。

A. 10 mm　　B. 15 mm　　C. 20 mm　　D. 1/4 砖长

45. 常温下施工时，水泥混合砂浆必须在拌成后__C__小时内使用完毕。

A. 2　　B. 3　　C. 4　　D. 8

46. 在墙体上梁或梁垫下及其左右各__B__的范围内不允许设置脚手眼。

A. 20 cm　　B. 50 cm　　C. 60 cm　　D. 100 cm

47. 砂子按__D__不同可分为粗砂、中粗砂、中砂、细砂和特细砂。

A. 用途　　B. 设计要求　　C. 质量　　D. 粒径大小

48. 当准线长度超过__C__时，准线会因自重而下垂，这时要在墙身中间砌上一块腰线砖，托住准线。

A. 10 m　　B. 15 m　　C. 20 m　　D. 50 m

49. 砌体相邻工作段的高度差,不得超过一个楼层的高度,也不宜大于__D__m。

A. 1.2　　B. 1.8　　C. 2.5　　D. 4

50. 毛石基础大放脚上下层未压砌的原因是__B__。

A. 设计不合理　　B. 没按“退台压顶”的原则组砌

C. 毛石尺寸偏小　　D. 基槽内没作业面

51. 砖砌体组砌要求必须错缝搭接,最少应错缝__B__。

A. 1/2 砖长　　B. 1/4 砖长

C. 1/8 砖长　　D. 1/3 砖长

52. 砖使用时要提前两天浇水,以水浸入砖四周__B__以上为好。

A. 10 mm　　B. 15 mm　　C. 20 mm　　D. 25 mm

53. 砌筑工砌墙时依靠__C__来掌握墙体的平直度。

A. 线锤　　B. 托线板　　C. 准线　　D. 瓦格网

54. 平砌钢筋砖过梁一般用于__C__宽的门窗洞口。

A. 1 m　　B. 1 ~ 1.8 m　　C. 1 ~ 2 m　　D. 2 ~ 2.5 m

55. 毛石墙抠平缝的墙缝深度一般为__B__

A. 3 ~ 5 mm　　B. 5 ~ 10 mm　　C. 10 ~ 15 mm　　D. 20 mm

56. 预留构造柱截面的允许偏差是__B__。

A. ± 5 mm　　B. ± 10 mm　　C. ± 20 mm　　D. ± 60 mm

57. 每层石砌体中每隔__C__左右要砌一块拉结石。

A. 0.5 m　　B. 0.7 m　　C. 1 m　　D. 1.5 m

58. 采用砖抱角砌毛石墙时,第二个五皮砖要伸入毛石墙身__B__。

A. 1/4 砖长　　B. 1/2 砖长　　C. 1 砖长　　D. 1 砖半长

59. 砌块砌体的竖缝宽度超过 3 cm 时,要灌__D__。

A. 水泥砂浆　　B. 高强度等级水泥砂浆

C. 混合砂浆　　D. 细豆石混凝土

60. 如果是坡屋面,烟囱要超出屋脊至少__A__。

A.50 cm　　B. 100 cm　　C. 150 cm　　D. 200 cm

61. 后塞口门窗洞口的允许偏差是 A 。

A. ±5 mm　B. ±10 mm　C. ±3 mm　D. ±20 mm

62. 化粪池混凝土底板厚度超过 C 时要分层浇筑。

A.100 mm　B. 150 mm　C. 300 mm　D. 500 mm

63. 砂浆中微沫剂的掺量应事先通过实验确定,微沫剂宜用不低于 70 ℃的水稀释至 B 的浓度,并随拌和水投入搅拌机内。

A. 1%~5%　B. 5%~10%　C. 10%~15%　D. 15%~20%

64. 毛石墙砌成夹心墙的原因是 A 。

A. 未按规定设置拉结石

B. 夹缝中垫碎石过多

C. 墙体厚度过大显得毛石形体过小

D. 竖向灰缝过大

65. 砌块砌体的水平灰缝厚度要控制在 D 。

A. 8~12 mm 之间　B. 7~13 mm 之间

C. 5~15 mm 之间　D. 10~20 mm 之间

66. 抗震设计烈度在 C 度以上的建筑物,当普通砖和空心砖无法浇水湿润时,如无特殊措施,不得施工。

A. 7　B. 8　C. 9　D. 12

67. 铺盖屋面瓦时,顶层脚手面应在檐口下 D 处,并满铺脚手板。

A. 0.5 m　B. 0.5~1 m　C. 1 m　D. 1.2~1.5 m

68. 毛石墙的轴线允许偏差不得超过 B 。

A. 10 mm　B. 15 mm　C. 25 mm　D. 50 mm

69. 下水管道闭水试验合格后回填土时,在管子周围 B 范围内不准打夯。

A. 20 cm　B. 30 cm　C. 50 cm　D. 100 cm

70. 能经受 B 以上高温作用的砖称为耐火砖。

A. 1 000 ℃　B. 1 580 ℃　C. 2 350 ℃　D. 3 560 ℃

71. 砖墙的水平灰缝厚度和竖向灰缝宽度一般为 10 mm,但 A 。

A. 不应小于 8 mm,也不应大于 12 mm

B. 不应小于 7 mm,也不应大于 13 mm

C. 不应小于 8 mm,也不应大于 14 mm

D. 不应小于 5 mm,也不应大于 15 mm

72. 盘角完毕后,拉通线检查砖墙槎口是否有抬头或低头现象,并与相对盘角者核对砖的皮数是为了__D__。

A. 方便砌墙　　B. 使砖墙水平

C. 使砖缝薄厚一致　　D. 防止出现错层

73. 窗台出虎头砖要向外出__C__的泛水。

A. 2%　　B. 2 mm　　C. 2 cm　　D. 2‰

74. 砖墙与构造柱之间沿高度方向每__A__设置 2 Φ 6 水平拉结筋。

A. 50 cm　　B. 100 cm　　C. 150 cm　　D. 200 cm

75. 清水墙面勾缝污染的原因是__C__。

A. 墙面没浇水湿润　　B. 没有开补砖缝

C. 托灰板接触墙面　　D. 勾缝溜子太大

76. 砌石砂浆的稠度应为__A__。

A. 3 ~ 5 cm　　B. 6 ~ 8 cm　　C. 8 ~ 10 cm　　D. 11 ~ 12 cm

77. 坡屋面挂瓦时,脚手架的高度应超出檐口__C__。

A. 50 cm　　B. 60 cm　　C. 100 cm　　D. 120 cm

78. 拌制好的水泥砂浆在施工时,如果最高气温超过 30 ℃,应控制在__B__小时内用完。

A. 1　　B. 2　　C. 3　　D. 4

79. 凡坡度大于__B__的屋面称为坡屋面。

A. 10%　　B. 15%　　C. 15°　　D. 30°

80. 基础分段砌筑必须留踏步槎,分段砌筑的相差高度不得超过__A__。

A. 1.2 m　　B. 1.5 m　　C. 1.8 m　　D. 4 m

81. 水平灰缝高低不平的原因是__D__。

A. 皮数杆立的距离过大

B. 砂浆饱满度不符合要求

C. 砂浆稠度过大

D. 准线绷得时松时紧

82. 门窗洞口先立门框的，砌砖时要离开框边___A___左右，不能顶住，防止门框受挤变形。

A. 3 mm　　B. 5 mm　　C. 6 mm　　D. 10 mm

83. 砌毛石墙身选墙面石的原则是___B___。

A. 选三面都比较方正且比较大的

B. 有面取面，无面取凸

C. 超过墙厚的 2/3

D. 最小边不小于 15 cm

84. 砌块必须错缝搭接，搭接长度应有砌块长的___A___或不少于砌块高的 1/3。

A. 1/2　　B. 1/4　　C. 60 mm　　D. 25 mm

85. 挂平瓦时，第一行檐口瓦伸出檐口___C___并应拉通线找平。

A. 20 mm　　B. 40 mm　　C. 60 mm　　D. 120 mm

三、计算题

1. 用 400 mm × 240 mm × 14 mm 的粘土平瓦铺一屋面，屋面为两面坡，长 25 m，斜坡长 4 m。共需多少块平瓦？

已知每块平瓦的有效面积为 0.061 6 m^2。

【解】

先计算一面坡的面积：

$25\ m \times 4\ m = 100\ m^2$

一面坡需用平瓦块数：

$100\ m^2 \div 0.061\ 6\ m^2$/块 = 1 623.4 块 ≈ 1 624 块

整个屋面共需用平瓦：

1 624 块 × 2 = 3 248 块

答：共需用粘土平瓦 3 248 块。

2. 砌一段基础墙，490 mm 厚。用 M5 水泥砂浆砌 MU10 红机砖，基础墙长 15 m,高 4 m。问用多少块红机砖？水泥多少公斤？砂子多少立方米？

已知每立方米砌体用砂浆 0.26 m^3;每立方米 M5 水泥砂浆用水泥 194 kg,砂子 1.02 m^3。

【解】

① 根据已知条件,得基础墙体积如下：

$V = 0.49\ m \times 15m \times 4m = 29.4\ m^3$

② 根据每立方米有 512 块砖得：

$N = 512$ 块$/m^3 \times 29.4\ m^3 = 15\ 052.8$ 块$\approx 15\ 053$ 块

③ 共需用砂浆：

$0.26 \times 29.4\ m^3 = 7.644\ m^3$

④ 共需用水泥：

$194\ kg/m^3 \times 7.644\ m^3 = 1\ 482.936\ kg \approx 1\ 483\ kg$

⑤ 共需用砂子：

$1.02 \times 7.644\ m^3 = 7.796\ 88\ m^3 \approx 7.80\ m^3$

答：需用红机砖 15 053 块,水泥 1 483 kg,砂子 7.80 m^3。

3. 某一混合砂浆的配合比为 1∶0.8∶7.5(质量比),每罐砂浆需用水泥 100 kg,问每罐应用石灰膏、砂子各多少？

【解】

已知每罐用水泥 100 kg,则

① 每罐应用石灰膏为：

$100 \times 0.8\ kg \approx 80\ kg$

② 每罐应用砂子为：

$100 \times 7.5\ kg \approx 750\ kg$

答：每罐需用石灰膏 80 kg,砂子 750 kg。

4. 用 M7.5 混合砂浆砌一段 240 mm 墙,长 20 m,高 2.5 m,有两个 1.4 m×1.5 m 的窗。计算应用多少块砖？多少水泥？多少砂子？多少石灰膏？(已知每立方米砖墙用砂浆 0.26 m^3)。M7.5 的砂浆的配合比为水泥∶石灰膏∶砂子 = 270∶80∶1 600(质量比)。

【解】

① 计算墙体体积：

$V=(20\times2.5-1.4\times1.5\times2)\times0.24\ m^3\approx11\ m^3$

② 根据每立方米有 512 块砖得：

$N=512\times11$ 块 $=5\ 632$ 块

③ 共需用砂浆：

$0.26\times11=2.86\ m^3$

④ 需用水泥：

$270\times2.86\ kg=772.2\ kg$

⑤ 需用石灰膏：

$80\times2.86\ kg=228.8\ kg$

⑥ 需用砂子：

$1\ 600\times2.86\ kg=4\ 576\ kg$

答:应用砖 5 632 块,水泥 772.2 kg,石灰膏 228.8 kg,砂 4 576 kg。

5. 试验室的 M5 的混合砂浆的配合比是水泥:石灰膏:砂 = 200:150:1 600(质量比)。每搅拌一次需用水泥 50 kg。试计算每搅拌一次需石灰膏、砂各多少?

【解】

① 将配合比简化成：

$150\div200=0.75$

$1\ 600\div200=8$

则配合比可写成：

水泥:石灰膏:砂 = 1:0.75:8

② 计算每搅拌一次用量,根据已知

每搅拌一次用石灰膏:$50\times0.75\ kg=37.5\ kg$

每搅拌一次用砂:$50\times8\ kg=400\ kg$

答:每搅拌一次需用石灰膏 37.5 kg,砂 400 kg。

6. 某一下水道长 80 m,设计要求 2‰的坡度,试计算下水道两端的高差。

【解】

$80\ m\times2‰=0.16\ m$

下水道两端高差 0.16 m。

四、简答题

1. 常用的砖碹有几种？

答：常用的砖碹按形状可分为平碹、弧形碹、半圆碹和鸡心碹四种。

2. 下水道闭水试验有几种方法？

答：下水道闭水试验共有 4 种：分段满灌法、充气吹泡法、定压观察法和运烟检查法。

3. 砌毛石墙的石料和砂浆有哪些要求？

答：砌墙所用石料要求质地坚实，裂痕较少，不易风化剥落和裂缝等，污垢、水锈应除净。所用砂浆的稠度要适当减小。

4. 先立门窗口怎样砌砖？

答：如先立门窗口，砌砖时，砖要离开框边 3 mm 左右，不要太近，把框挤得太紧，这样会造成门窗框变形。

5. 什么叫“三一”砌筑法？

答：“三一”砌筑法就是一铲灰、一块砖、一揉挤的砌法，也叫满铺满挤操作法。

6. 为什么砌筑化粪池要特别注意预留洞的位置？

答：① 孔洞留设的位置正确与否，直接影响使用功能；② 孔洞留高了粪便会随水一起溢入管道，不符合排放要求；③ 留低了将不能充分发挥化粪池的化粪效果，并降低了使用的容积。

7. 怎样立皮数杆？

答：①皮数杆要立在墙的大角、内外墙交接处、楼梯间及洞口多的地方。② 在砌筑前要检查皮数杆的 ±0.000 与抄平木桩的 ±0.000 是否重合，门窗口上下标高是否一致。③ 检查所有应立皮数杆的部位是否都立了。检查无误后方可以挂线砌砖。

8. 墙身砌筑要遵循哪几项原则？

答：共有 4 项原则：① 角砖要平，绷线要紧；② 上灰要准，铺灰要活；③ 上跟线下跟楞；④ 皮数杆要立正、立直。

9. 什么叫大放脚？

答：基础砌体都砌成台阶形式叫做大放脚。

10．毛石墙勾缝形式有哪几种？

答：平缝、平凹缝、平凸缝、半圆形凹缝、三角形凸缝、半圆形凸缝。

11．“二三八一”操作法的三种弯腰姿势是什么？

答：侧身弯腰，丁字步正弯腰，并列步正弯腰。

12．简述皮数杆的作用？

答：皮数杆是砌砖墙、砖柱等时控制竖向尺寸和做法的依据。

13．什么叫排砖？

答：排砖就是按照基底尺寸线和已定的组砌方式，不用砂浆，把砖的一段长度内整个干摆一层，排砖时要考虑竖直灰缝的宽度，要求山墙摆成丁砖，檐墙摆成顺砖。

14．什么条件下视为进入冬期施工？

答：砖石施工时，当预计连续 10 天内的平均气温低于 +5 ℃，即认为进入冬期施工。

15．圆窨井井壁如何收分？

答：圆窨井砌筑时应先计算上口与底板直径之差，算出收分尺寸，根据图纸在何层收分，然后逐皮砌筑收分到顶，并留出井座井盖的高度。收分时一定要水平，要经常检查，以免砌成椭圆井或斜井。

16．砌砖工作的四个基本动作是什么？

答：铲灰，铺灰，取砖，摆砖。

17．什么叫砌块？

答：砌块是利用机械制成的具有一定规格的一种墙体材料。

18．瓦刀披灰法如何操作？适用于什么场合？

答：用瓦刀披灰法砌筑时，一手持砖，一手持瓦刀，先用瓦刀在泥桶中刮上砂浆，然后用瓦刀把砂浆披在砖的一侧，再反手将砂浆抹满砖的大面，并在另一侧披上砂浆。瓦刀披灰法适用于砌空斗墙、1/4 墙、拱碹、窗台、炉灶等。

19．什么叫“一步九块瓦”？

答：“一步九块瓦”是指平瓦屋面中瓦的堆放以一摞九块瓦均匀摆开，横向瓦堆的间距约为两块瓦长，坡向间距为两根瓦条，呈梅花状放置。

20. 我国的安全工作方针是什么？

答：安全第一、预防为主。

21. 什么叫“二三八一”操作法？

答：“二三八一”操作法就是把瓦工砌砖的动作过程归纳为二种步法，三种弯腰姿势，八种铺灰手法，一种挤浆动作。叫作“二三八一”砌砖动作规范。简称“二三八一”操作法。

22. 砖砌体的组砌要遵循哪三条原则？

答：① 砌体必须错缝；② 控制水平灰缝厚度；③ 墙体之间按规范规定连接。

实际操作部分

一、砌筑带转角的等高式大放脚砖基础

1. 要求

(1) 一砖墙身六皮三收等高式大放脚；

(2) 长度不小于 3 m；

(3) 正墙砌筑高度 1.2 m。

2. 考核项目及评分标准

考核项目及评分标准见下表。

序号	测定项目	允许偏差	评分标准	满分	检测点					得分
					1	2	3	4	5	
1	砖、砂浆		性能指标、尺寸达不到要求无分	5						
2	排砖撂底组砌方法		排砖撂底不正确无分，组砌方法错误无分	15						
3	砌筑方法		盘角不符合要求酌情扣分，皮数杆不符合要求酌情扣分	10						

续表

序号	测定项目	允许偏差	评分标准	满分	检测点					得分
					1	2	3	4	5	
4	轴线偏移	10 mm	超过 10 mm 每处扣一分，超过 3 处不得分，一处超过20 mm 不得分	10						
5	基础顶面标高	± 15 mm	超过 15 mm 每处扣一分，超过 3 处不得分，一处超过25 mm 不得分	10						
6	墙面垂直度	5 mm	超过 5 mm 每处扣一分，超过 3 处不得分，一处超过 10 mm 不得分	10						
7	墙面平整度	8 mm	超过 8 mm 每处扣一分，超过 3 处不得分，一处超过 15 mm 不得分	10						
8	水平灰缝平直度	7 mm	10 m 之内超过 7 mm 每处扣一分，一处超过 14 mm 及 3 处超过 7 mm 不得分	10						
9	安全文明施工		有事故无分，工完场不清无分	5						
10	工具使用和维护		施工前后进行两次检查，酌情扣分	5						
11	工效		低于定额 90% 无分，在 90% ~ 100% 之间酌情扣分，超过定额适当加 1 ~ 3 分	10						

二、混合砂浆砌筑L形混水墙

1. 要求

(1) 设有一个1 200 mm×1 200 mm的窗洞口,窗台高度为900 mm;

(2) 在转角的地方有一根240 mm×240 mm的构造柱;

(3) 砌筑高度为2.4 m

2. 考核项目及评分标准

考核项目及评分标准见下表。

序号	测定项目	允许偏差	评分标准	满分	检测点					得分
					1	2	3	4	5	
1	砖、砂浆		性能指标、尺寸达不到要求无分	5						
2	轴线偏移	10 mm	超过10 mm每处扣一分,超过3处不得分,一处超过20 mm不得分	10						
3	墙面垂直度	5 mm	超过5 mm每处扣一分,超过3处不得分,一处超过10 mm不得分	10						
4	墙面平整度	8 mm	超过8 mm每处扣一分,超过3处不得分,一处超过15 mm不得分	10						
5	水平灰缝平直度	10 mm	10 m之内超过10 mm每处扣一分,一处超过20 mm及3处超过10 mm不得分	10						
6	水平灰缝厚度	±8 mm	10皮砖累计超过8 mm每处扣一分,超过3处不得分,一处超过15 mm不得分	10						

续表

序号	测定项目	允许偏差	评分标准	满分	检测点					得分
					1	2	3	4	5	
7	构造柱截面	±10 mm	超过10 mm每处扣一分,超过3处及马牙槎错不得分	5						
8	拉结筋		间距大于650 mm每处扣一分,大于700 mm无分,长度小于500 mm每处扣一分,小于300 mm无分,3处以上不得分	5						
9	砂浆饱满度	80%	小于80%每处扣0.5分,5处以上不得分	10						
10	安全文明施工		有事故无分,工完场不清无分	10						
11	工具使用和维护		施工前后进行两次检查酌情扣分	5						
12	工效		低于定额90%无分,在90%～100%之间酌情扣分,超过定额适当加1～3分	10						

三、混合砂浆砌筑清水墙

1. 要求

(1) 长度不小于4 m,砌筑高度不小于1.8 m;

(2) 采用加浆勾缝,勾缝的形式为凹缝。

2. 考核项目及评分标准

考核项目及评分标准见下表。

序号	测定项目	允许偏差	评分标准	满分	检测点					得分
					1	2	3	4	5	
1	砖、砂浆		性能指标、尺寸达不到要求无分	5						
2	轴线偏移	10 mm	超过 10 mm 每处扣一分,超过 3 处不得分,一处超过 20 mm 不得分	10						
3	墙面垂直度	5 mm	超过 5 mm 每处扣一分,超过 3 处不得分,一处超过 10 mm 不得分	10						
4	墙面平整度	8 mm	超过 8 mm 每处扣一分,超过 3 处不得分,一处超过 10 mm 不得分	10						
5	水平灰缝平直度	10 mm	10 m 之内超过 7 mm 每处扣一分,一处超过 14 mm 及 3 处超过 7 mm 不得分	10						
6	水平灰缝厚度	± 8 mm	10 皮砖累计超过 8 mm 每处扣一分,超过 3 处不得分,一处超过 15 mm 不得分	10						
7	清水墙面游丁走缝	20 mm	超过 20 mm 每处扣一分,超过 3 处及一处超过 35 mm 不得分	15						
8	砂浆饱满度	80%	小于 80% 每处扣 0.5 分,5 处以上不得分	10						
9	阴阳膀		有阴阳膀不得分	5						

续表

序号	测定项目	允许偏差	评分标准	满分	检测点					得分
					1	2	3	4	5	
10	安全文明施工		有事故无分,工完场不清无分	5						
11	工效		低于定额90%无分,在90%～100%之间酌情扣分,超过定额适当加1～3分	10						

参考文献

1 刘军．安全员．北京:中国建筑工业出版社,1998

2 余宾辉．建筑砌体工程施工手册．济南:山东科学技术出版社,2004

3 建设部人事教育司编写组．砌筑工．北京:中国建筑工业出版社,2002

4 饶勃．实用瓦工手册．上海:上海交通大学出版社,1991

5 全国职业高中建筑类专业教材编写组．建筑施工技术．北京:高等教育出版社,1993

6 张述勇,冯小川,张述宁．砖瓦工考核应知．北京:北京工业大学出版社,1992

7 朱维益．砌体工程便携手册．北京:机械工业出版社,2001

郑重声明

策划编辑　梁建超

责任编辑　葛　心

封面设计　李卫青

责任绘图　朱　静

版式设计　张　岚　马静如

责任校对　王效珍

责任印制　毛斯璐